崂山昆虫
生态图鉴

● 顾 耘 赵川德 黄金光 著

中国农业科学技术出版社

图书在版编目（CIP）数据

崂山昆虫生态图鉴 / 顾耘，赵川德，黄金光著. -- 北京：中国农业科学技术出版社，2023.3

ISBN 978-7-5116-5979-8

Ⅰ.①崂… Ⅱ.①顾… ②赵… ③黄… Ⅲ.①崂山—昆虫—图集 Ⅳ.① Q968.225.2-64

中国版本图书馆 CIP 数据核字（2022）第 198372 号

责任编辑　姚　欢
责任校对　李向荣
责任印制　姜义伟　王思文

出 版 者　中国农业科学技术出版社
　　　　　北京市中关村南大街 12 号　　邮编：100081
电　　话　（010）82106631（编辑室）　（010）82109702（发行部）
　　　　　（010）82109702（读者服务部）
传　　真　（010）82106631
网　　址　https:// castp.caas.cn
经 销 者　各地新华书店
印 刷 者　北京科信印刷有限公司
开　　本　185 mm×260 mm　1/16
印　　张　19
字　　数　400 千字
版　　次　2023 年 3 月第 1 版　2023 年 3 月第 1 次印刷
定　　价　398.00 元

本书由以下项目资助

❶ 国家新农科研究与改革实践项目、山东省2020年重点教研项目：多学科交融的植物医学专业研究与实践；

❷ 国家一流专业建设点、国家特色专业、山东省特色专业建设项目；

❸ 国家首批卓越农林人才教育培养计划改革试点复合应用型专业建设项目；

❹ 山东省教育服务新旧动能转换专业群对接产业项目；

❺ 山东省高水平应用型立项建设专业群项目；

❻ 山东省首批应用型人才培养专业发展支持计划建设专业项目；

❼ 山东省首批应用型人才培养特色名校建设重点建设专业项目；

❽ 山东省2020年培育教研项目：以创新创业为引领，依托"互联网+"技术，构建植物保护专业实验实践教学新体系；

❾ 山东省2016年面上教研项目："互联网+"背景下植物保护专业实验实践教学资源平台的构建。

　　崂山位于山东半岛南部黄海之滨的青岛市崂山区，距青岛市中心约40km，地处北纬36°05′～36°19′，东经120°24′～120°42′。崂山西部自南而北与青岛市的市南区、市北区、四方区、李沧区、城阳区接壤，北部与即墨区相邻，东南两面临海，绕山海岸线长87.3公里。蜿蜒曲折的海岸形成无数海湾、岬角和半岛，海面上还散布着许多岛屿。

　　崂山，海拔1 132.7m，峰顶面积约1.5km²，古代又曾称牢山、劳山、鳌山等。崂山是山东半岛的主要山脉，最高峰名为巨峰，又称崂顶，为崂山的主峰。崂山也是中国海岸线第一高峰，有着"海上第一仙山"之称。当地有一句古语说："泰山虽云高，不如东海崂。"崂山，东高而悬崖傍海，西缓而丘陵起伏，山区面积446km²。山脉以崂顶为中心，向四方延伸，尤以西北、西南方向延伸较长，形成了巨峰、三标山、石门山、午山4条支脉，崂山的余脉沿东海岸向北至即墨区的东部，西抵胶州湾畔，西南方向的余脉则延伸到青岛市城区，形成了市区的十余个山头和跌宕起伏的丘陵地形。

　　崂山独特的地貌结构和优越的气候条件，经过自然界的长期演化，形成了其独有且丰富的物种资源。1983年，崂山县鸟类自然保护区管理站对崂山的鸟类资源进行了调查，发现崂山共有鸟类230余种，隶属10目30科63属；国家级保护的珍禽中，一类有4种，二类有28种。2003年，据《崂山植物志》记载，崂山共有维管植物160科734属1 422种。但截至目前，关于崂山昆虫的调查研究尚未见报道。

本书共记述昆虫 13 目 144 科 661 种昆虫的 1 000 余幅生态照片。其中，蜻蜓目 4 科 8 种，蜚蠊目 2 科 2 种，螳螂目 1 科 3 种，直翅目 13 科 18 种，竹节虫目 1 科 1 种，半翅目 38 科 151 种，鳞翅目 38 科 289 种，鞘翅目 20 科 97 种，脉翅目 2 科 3 种，广翅目 1 科 4 种，毛翅目 2 科 3 种，双翅目 10 科 35 种，膜翅目 12 科 47 种。

本书可为崂山生物多样性、自然景观的保护和研究工作提供翔实、可靠的基础资料，还可作为农学、林学、环境学等教学与科研工作者和昆虫爱好者的参考资料。

本书所有图片均为作者拍摄。由于水平所限，书中难免有不当之处，敬请广大读者批评指正。

目 录
CONTENTS

七、鳞翅目 / 088

八、鞘翅目 / 199

肉食亚目 / 199

多食亚目 / 203

九、脉翅目 / 236

十、广翅目 / 238

十一、毛翅目 / 240

十二、双翅目 / 242

十三、膜翅目 / 259

一、蜻蜓目 Odonata

差翅亚目 Anisoptera

大蜓科 Cordulegasteridae

双斑圆臀大蜓 *Anotogaster kuchenbeiseri* Foerster

雄虫腹长63mm左右，雌虫腹长73mm左右。额黑色，在近前缘脊有1个黄白色横斑纹。前胸黑色，具黄白色斑纹；合胸黑色，具黄色细毛，背前方两侧各具1条黄色条纹，条纹上端膨大，圆形，接近合胸脊；下端尖，并斜向两侧，其尖端达合胸领端；合胸侧面无肩条纹，合胸侧面的黑色条纹扩大成一片黑色，致使黄色部分呈条纹状；在前后翅的下方各有1条宽而倾斜的黄色条纹，前者长而稍窄，后者短而较宽。翅透明，翅痣及翅脉黑色；前缘脉基部具黄色线纹。腹部黑色，第2~8节前半部具黄色环状斑纹，除第2节上的环斑外，其余均由很窄的黑色背中隆脊隔断，下端均向前下方倾斜，并在腹面扩大。

双斑圆臀大蜓成虫

蜓科 Aeschnidae

碧伟蜓 *Anax parthenope julius* Brauer

成虫腹长52mm左右，棕黄色。头顶中央为1个突起，其顶端色淡，其前方有1条黑色横纹；后头黄色，两侧缘褐色。合胸黄绿色，合胸背前方无斑纹，仅合胸脊黄色，上缘褐色；侧面肩条纹和第3条纹褐色，仅上端存在一小段；第2条纹仅在气孔上方、前方各有1个黑色斑点，前方的斑点向后扩展，包围气孔周缘。腹部第1节绿色；第2节基部绿色，后部褐色；前2节均具褐斑或条纹；第3节褐色，两侧具淡色宽纵带；第4~8节背面棕黄色，侧面具侧隆脊；第9、第10节赤褐色，具黄色斑。

碧伟蜓成虫

碧伟蜓交尾

蜻科 Libellulidae

红蜻 *Crocothemis servilia* Drury

红蜻成虫

雄虫腹长 29mm 左右，雌虫腹长 29mm 左右。雄虫体红色。头顶具 2 个小突起，前方红褐色，后方褐色。前胸褐色，合胸背前方红色，合胸侧面红色。翅透明，基部茶褐色；翅痣淡黄色。腹部红色，无斑纹。雌虫体色与雄虫有差异。雌虫头部上、下唇黄色，唇基、额及头顶黄褐色，后头黄色。前胸褐色；合胸背面褐色，侧面黄褐色。翅基斑黄色。腹部黄色。

白尾灰蜻 *Orthetrum albistylum* Selys

雄虫腹长 38mm 左右，雌虫腹长 40mm 左右。雄虫头顶突起黄色，后头褐色，后面黄色。胸部浓褐色，前叶后方及后叶淡黄色；合胸背前方褐色；合胸领色淡；合胸脊色淡，两侧各具褐色纵条纹；合胸侧面淡蓝色，具黑色条纹和细毛。腹部第 1~6 节淡黄色，具黑斑，第 7~10 节黑色。雌虫体形、斑纹等与雄虫基本相同，但下唇中叶不全黑，第 8、第 9 腹节全黑色，第 10 节白色。

白尾灰蜻雌虫

白尾灰蜻雄虫

黄蜻 *Pantala flavescens* Fabricius

雄虫腹长32mm左右，雌虫腹长31mm左右。体赤黄色，眼较大。雄虫头顶具黑色条纹，中央为1个突起，顶端黄色，下部黑褐色。前胸黑褐色；前叶上方和背板具白色斑纹；后叶较低，褐色；合胸背前方赤褐色，具细毛；合胸脊上面具黑褐色线纹；合胸领黑褐色；合胸侧面黄褐色；第1、第3条纹褐色，缺第2条纹；气孔周缘黑色。腹部赤黄色；第1腹节背面具黑褐色横斑；第4~10腹节背面各具黑褐色斑。肛附器基部赤褐色，端部黑褐色。雌虫体色较淡。

黄蜻成虫侧面　　　　　　　　　　　　　　　　黄蜻成虫背面

异色竖眉赤蜻 *Sympetrum eroticum eroticum* Selys

雄虫腹长26mm，后翅29~31mm。雄虫头顶中央突起，其前方有较宽的黑色条纹，后方黄褐色。前胸深褐色，具黄色斑；合胸背前方黄褐色，合胸脊黑色，两侧各具前宽后窄的条纹，与合胸领连成一片，形成黑色三角形；在胸侧第1条纹之前，另有1条黑色条纹，下端与第1条纹连接；合胸侧面黄色，条纹黑色。腹部褐黄色；第4~8腹节末端下侧缘具黑色斑；第9腹节黑色。异色竖眉赤蜻的雌虫具2型："普通型"四翅透明与雄虫无异；"褐斑型"四翅顶端自翅痣的基端开始向前、向后延伸至翅尖呈黑褐色斑纹。

异色竖眉赤蜻雄虫　　　　　　　　　　　　　异色竖眉赤蜻雌虫

均翅亚目 Zygoptera

蟌科 Coenagriidae

褐单脉色蟌 *Matrona basilaris nigripectus* Selys

雄虫腹长 37~48mm，雌虫腹长 36~39mm。雄虫体绿黑色，具光泽，翅黑色或褐色。前胸和合胸背前方绿黑色，具光泽。合胸侧面除中胸下侧片和后胸后侧片的后缘黄色外，均金绿色。腹部绿黑色，具光泽。翅为均匀的黑色或褐色。基室内具网状横脉。雄虫无翅痣，雌虫具白色伪翅痣。

褐单脉色蟌雌虫　　　　　　褐单脉色蟌雄虫　　　　　　褐单脉色蟌稚虫

长叶异痣蟌 *lschnura elegans* (Vander Linden)

雄虫腹长 40mm。前胸黑色，合胸前方黑色，具 2 对蓝色短条纹。下方的一对位于合胸脊两侧。上方的一对靠近肩缝。合胸侧面淡蓝色，在中、后足的基节间具一条亮黑色条纹。后胸后侧片淡蓝色。腹部 1~8 节背面黑褐色。第 8 节的端部蓝色。第 9~10 节背面蓝色或黄色。

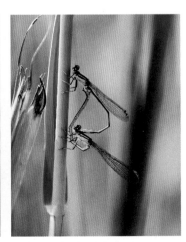

长叶异痣蟌雌虫　　　　　　长叶异痣蟌雄虫　　　　　　长叶异痣蟌交尾

二、蜚蠊目 Blattodea

蜚蠊总科 Blattoidea

姬蠊科 Blattellidae

德国小蠊 *Blattella germanica* (Linnaeus)

体小型，雄虫体长 10~13mm，雌虫体长 9.5~11mm。体淡赤褐色。雄虫狭长，雌虫较宽短。头顶外露，头顶与复眼间赤褐色。触角柄节圆筒形，褐色；鞭节念珠状，赤褐色。前胸背板褐色，侧缘半透明，最宽处接近后缘，略为梯形，前缘弧形，后缘略向后突出呈角状，中央有两条深赤褐至黑褐色纵条纹，黑纹宽度比其间距为狭，有的个体黑纹夹杂褐色，不很明显。中、后胸背板污褐色至黑褐色。前翅狭长，超过腹端，质稍厚实；后翅无色透明，臀域纵脉褐色，横脉无色，其余区纵脉和横脉黄色。

德国小蠊成虫

硕蠊总科 Blaberoidea

地鳖蠊科 Polyphagidae

中华真地鳖 *Eupolyphaga sinensis* (Walker)

体型较大，扁平；雌雄异型，雌虫完全无翅；雄虫体长 18~21mm，雌虫 33~34mm。体淡黄色。头部暗色，前胸背板暗色，前缘具淡色宽边。雄虫前翅为半透明的淡黄色，具不明显的淡褐色斑纹。头顶不露出前胸背板。触角不超过腹端。前胸背板近三角形，表面具颗粒和短毛。雌性各腹节背板后侧角不突出，表面具颗粒，基部具光滑的横带。第 7 和第 8 腹节背板后缘弧形内凹，肛上板横宽，后缘中央具凹口。

中华真地鳖雄虫

三、螳螂目 Mantodea

螳科 Mantidae

枯叶大刀螳 *Tenodera aridifolia* (Stoll)

成虫体长 65~85mm。体黄褐色或淡绿色。雌虫前胸背板前端宽于后端，前半部中纵沟两侧有许多小颗粒，后半部中隆线两侧小颗粒不明显；侧缘具齿列，前半部明显，后半部不明显。雄虫前胸背板略宽于后端；前半部中纵沟及后半部中隆线两侧小颗粒均不明显；侧缘齿列也不明显；前胸背板后半部明显超过前足基节长度。雌虫腹部较宽，前翅膜质，略长于腹部末端；前缘区较宽，褐色革质。后翅略长于前翅。

枯叶大刀螳秋型雌虫　　　　　　　枯叶大刀螳秋型雄虫　　　　　　　枯叶大刀螳夏型雌虫

棕静螳 *Statilia maculata* (Thunberg)

体型中等，细长，雄虫体长 45~52mm，雌虫 47~56mm。体灰褐色或棕褐色，散布有黑褐色小斑点。前胸背板细长呈菱形，沟后区几与前足基节等长，沟前区外缘齿列明显，沟后区外缘齿列不明显。前胸腹板在两前足基部之间的后方有 1 条黑色横带。前足腿节具 4 个中列刺和 4 个外列刺，前足胫节具 7 个外列刺。前翅棕褐色，略短于后翅，后翅透明或烟褐色。肛上板三角形，尾须细长。

棕静螳成虫

广斧螳 *Hierodula patellifera*（Serville）

体型中等，雄虫 45~46mm，雌虫 64~65mm。体绿色或紫褐色，前翅淡绿色或淡褐色，翅斑黄白色，后翅末端绿色。前胸背板宽，长菱形，侧缘有细钝齿，前端 1/3 处中央有 1 条纵沟，后端 2/3 部分中央有 1 条细隆线。前胸腹板平，基部有 2 个褐色斑纹。前足基节具 3~5 个较小的三角形疣突，第 1、2 疣突相距较远；前足腿节粗短，稍短于前胸背板，侧扁，内缘具较长的褐色刺，胫节粗，短于腿节。前翅宽，超过腹端；雄虫前翅翅痣之后纵脉之间具一排小翅室，翅室排列较稀疏；后翅与前翅等长。腹部肥大。

广斧螳成虫背面

广斧螳成虫侧面

四、直翅目 Orthoptera

蝗亚目 Caelifera

蝗总科 Acridoidea

剑角蝗科 Acrididae

中华剑角蝗 *Acrida cinerea* Thunberg

　　雄虫体长 31~42mm，雌虫 52~74mm。体色多变，通常为绿色或枯黄色。头圆锥形，明显长于前胸背板。颜面强烈向后倾斜。触角剑状，较短，基节数节较宽。复眼褐色，长卵形，着生于头的前端。前胸背板宽平，中隆线和侧隆线几乎平行；前缘弧形，后缘锐角形。前翅发达，明显超过后足腿节端部，翅顶端尖锐；中脉域具有明显的中闰脉。后翅略短于前翅，呈长三角形。后足腿节细长，上侧上隆线平滑；胫节刺较多，外缘有刺，无外端刺。

中华剑角蝗秋型雌虫

中华剑角蝗秋型雄虫

中华剑角蝗夏型雌虫

中华剑角蝗夏型雌雄虫

锥头蝗科 Pyrgomorphidae

短额负蝗 *Atractomorpha sinensis* I. Bolivar

雄虫体长19~23mm，雌虫28~35mm。体草绿色或黄褐色，体形细长。头呈长锥形，较短，短于前胸背板。颜面颇向后倾斜，与头顶形成锐角。触角粗短，剑状，着生在单眼之前。前胸背板平坦，中隆线细，侧隆线不明显。腹板突呈片状，顶端方形，雌虫中胸腹板侧叶间的中隔较宽。前翅狭长，超出后足腿节末端的部分约为全翅长的1/3，顶端较尖。后翅略短于前翅，基部玫瑰色。

短额负蝗夏型雌雄虫

短额负蝗秋型雌虫

短额负蝗秋型雄虫

斑腿蝗科 Catantopidae

短角外斑腿蝗 *Xenocatantops humilis brachycerus* (Willemse)

雄虫体长17.5~21mm，雌虫22~28mm。体黄褐色或暗褐色。头短，颜面稍向后倾斜，颜面隆起明显。触角丝状，较粗短。前胸背板中部缩窄，具小刻点；中隆线低，无侧隆线，3条横沟明显并都割断中隆线；自前胸背板的后缘沿后胸侧片具1条淡色斜纹。前翅较短，仅达到或略超过腹部末端；翅暗褐色，有许多黑色小斑点。后足腿节匀称，外侧黄色，有2个完整的黑色或褐色横斑纹；腿节上侧的上隆线具细齿，内侧红色，有黑色横斑纹；胫节红色。

短角外斑腿蝗成虫

短角外斑腿蝗成虫

短星翅蝗 *Calliptamus abbreviatus* Ikonnikov

雄虫体长 21~25mm，雌虫 25~32mm。体褐色或暗褐色。头大，短于前胸背板，颜面略倾斜。触角短，仅达到或刚超过前胸背板后缘。前胸背板具明显的中隆线和侧隆线，前缘略突出或平直，后缘钝圆形。前翅短，仅到达后足腿节的顶端，具许多黑色小斑点。后足腿节的上隆线具 3 个暗色横斑纹；外侧上、下隆线具 1 列黑色小斑点；内侧红色，常有 2 个不完整的黑色横纹，内侧上膝侧片黑色，胫节红色。后足腿节粗短。

短星翅蝗成虫

斑翅蝗科 Oedipodidae

花胫绿纹蝗 *Aiolopus tamulus* Fabricius

雄虫体长 18~22mm，雌虫 25~29mm。体黄褐色或褐色，常具绿色斑纹。头短，微高于前胸背板。触角丝状，长及或超过前胸背板的后缘。前胸背板常具不完整的黑色条纹，侧片的底缘呈绿色。前翅亚前缘脉域的基部具明显的鲜绿色纵条纹；后翅基部黄褐色或黄绿色，顶端呈烟色。后足腿节内侧黄色，具 2 个黑色横斑纹，底缘红色，胫节近基部 1/3 淡黄色，中部蓝色，顶端 1/3 红色。

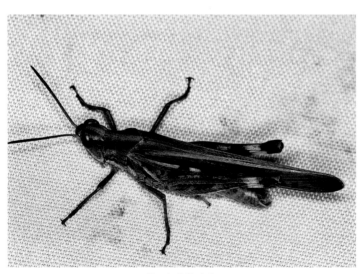

花胫绿纹蝗成虫

云斑车蝗 *Gastrimargus marmoratus* (Thunberg)

雄虫体长 28~30mm，雌虫 44~45mm。通常体绿色、枯草色或黄褐色，具有大块黑色或白色斑纹。触角丝状，细长。前胸背板前、后缘均呈锐角形突出；中隆线具黑纵纹，背板两侧具黑纵纹；侧片沟后区绿色，沟前区上部黄褐色，下部黑色。前翅发达，超过后足腿节末端甚长，臀脉域绿色，其余部分褐色，具有 3 个黑色大斑和 2 个淡白色横斑及一斜行淡色斑，翅顶具细碎褐色点。后足腿节上侧绿色，外侧黄褐色，常具不明显的暗色横纹，内侧和底侧污黄色，膝部暗褐色。后足胫节鲜红色，基部具淡色环。

云斑车蝗成虫

黄胫小车蝗 *Oedaleus infernalis* Saussure

雄虫体长 23~27.5mm，雌虫 30~39mm。体绿色或黄褐色。头短，颜面垂直或微向后倾斜。触角丝状，其长达到或超过前胸背板后缘。前胸背板中部略缩窄，"X"形图纹在沟后区的斑纹较沟前区的宽，中隆线明显高起，侧面观呈弧形；侧隆线不明显或仅在沟后区略可见。前翅常超过后足腿节的末端。雌虫后足腿节底侧及胫节黄褐色，而雄虫后足腿节底侧为红色，胫节基部的黄色部分常混杂红色，并无明显界线。

黄胫小车蝗成虫

黄胫小车蝗成虫

网翅蝗科 Arcypteridae

白边雏蝗 *Chorthippus albomarginatus* (De Geer)

雄虫体长 11~13.5mm，雌虫 17.5~24mm。体深褐色或草绿色。头较短于前胸背板。

触角细长，超过前胸背板后缘。前胸背板具明显的黄白色"X"形纹，沿侧隆线具黑色纵带纹。前翅发达，顶端几乎达到腹部末端；缘前脉域及肘脉域常不具中闰脉；中脉域具 1 列大黑斑；雌性前缘脉域具白色纵纹。后足腿节内侧基部具黑斜纹，上侧在中、后部各具宽斜暗色纹，上隆线具 6~8 个黑点。后足胫节橙黄色或黄褐色。

白边雏蝗成虫

螽亚目 Ensifera

蝼蛄总科 Gryllotalpoidea

蝼蛄科 Gryllotalpidae

东方蝼蛄 *Gryllotalpa orientalis* Burmeister

体长 25~35mm。体褐色。头较小，狭于前胸背板。触角较短。前胸背板中央具光滑的 2 条纹。前翅淡褐色，具绒毛，不达腹端。前足为挖掘足，腿节外侧腹缘较直，胫节具 4 个片状趾突，跗节第 1、2 节呈片状趾突；后足较短；胫节背面内线具 3~4 枚背距，外缘近端部具 1 个刺，内端距 3 枚；上端距最长，下端距最短。

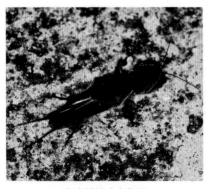

东方蝼蛄成虫背面

东方蝼蛄成虫侧面

蟋蟀总科 Grylloidea

蟋蟀科 Gryllidae

丽斗蟋 *Velarifictorus ornatus* (Shiraki)

雄虫体长 11~12mm，雌虫 12mm。体褐色。头部侧面观背面弱倾斜，单眼排列呈三角形，侧单眼间缺黄色横条纹，仅在侧单眼处为黄色。前胸背板具绒毛。雄虫前翅镜膜具弯曲的分脉，斜脉 2 条，索脉与镜膜间具横脉。前足胫节外听器具鼓膜，内听器呈凹坑状；后足胫节具背距。

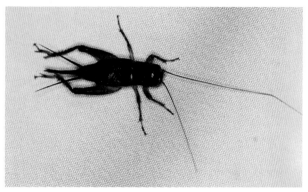

丽斗蟋成虫

小棺头蟋 *Loxoblemmus aomoriensis* Shiraki

雄虫体长 10~12mm，雌虫 9~12mm。体褐色，具短绒毛。头部颜面呈斜截状，雄性尤其明显，后头具细长的淡色条纹；雄虫侧单眼间具淡色横条纹；雄虫触角第 1 节的外侧角缺突起。前胸背板具绒毛。雄性前翅具镜膜，斜脉 3 条，雌虫前翅较短。前足胫节内外侧听器具鼓膜，内侧较小，圆形；外侧较大，椭圆形。后足腿节外侧具细斜纹，胫节背面具背距。

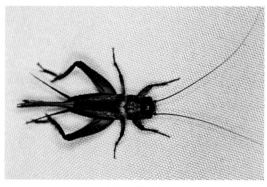

小棺头蟋雌虫

小棺头蟋雄虫

蛛蟋科 Phalangopsidae

日本钟蟋 *Homoeogryllus japonicus* (De Haan)

雄虫体长 12~15mm，雌虫 12mm。体黑色，扁平。头较小，凸形，下口式。额突狭于触角第 1 节；复眼突出。触角甚长，除第 1、2 节黑色外其余皆白色。前胸背板前部较狭，近似马鞍状。雄虫前翅甚宽，具 5~7 条斜脉，镜膜较大；基部呈角状，端部弧形，内具 2 条分脉；雌虫前翅翅脉较乱，后翅较长。足细长，前足胫节内外两侧均具椭圆形的膜质听器，后足胫节背面具刺，刺间具 2~3 枚背距，外端距非常短，内侧中端距最长。尾须细长。雌性产卵瓣矛状。

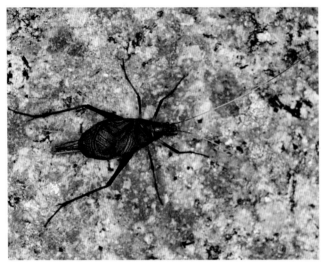

日本钟蟋成虫

螽斯总科 Tettigonioidea

露螽科 Phaneropteridae

日本条螽 *Ducetia japonica* Thunberg

雄虫体长 16~21mm，雌虫 19~23mm。体绿色。前翅后缘带褐色。头顶尖角形，侧扁，狭于触角第 1 节，背面具沟。前胸背板缺侧隆线；侧片长大于宽，肩凹不明显。前翅狭长，向端部趋狭；后翅长于前翅。前足基节具短刺；前足胫节背面具沟和距；内、外听器均为开放型。各足腿节腹面均具刺，后足腿节背面端部有时具 1 个小刺，膝叶具 2 个刺。雌虫尾须较短，圆锥形；产卵瓣侧扁，强向上弯曲，背缘和腹缘具钝的细齿。

日本条螽雌虫

日本条螽雄虫

蛩螽科 Meconematidae

巨叉剑螽 *Xiphidiopsis megafurcula* Tinkham

雄虫体长 12.5~14mm，雌虫 10~12mm。体淡黄绿色。头部和前胸背板背面赤褐色至褐色，触角具稀疏的暗色环纹。前后翅均发达，后翅明显长于前翅。雄虫第 10 腹节背板后缘具 1 对宽而长的突起，肛上板具侧叶和端突；尾须强侧扁，端部腹缘具刺状突起；雄虫生殖器端半部革质。雌虫下生殖板延长，向端部趋狭，端缘具小的中凹；产卵瓣稍短于后足腿节。

巨叉剑螽成虫

螽斯科 Tettigoniidae

邦内特姬螽 *Metrioptera bonneti* (Bolivar)

雄虫体长 16~22mm，体一般为栗褐色，背面稍淡。复眼后方具黑色纵带，前胸背板侧片后缘具黄白色边，后足腿节基半部外侧具黑斑。头顶宽圆，约为触角第 1 节的 3 倍。前胸背板背面平坦，沟后区具弱的中隆线。前翅缩短，仅到达第 3 腹节背板后缘或超过腹端 (长翅型)；后翅不长于前翅。前足胫节具 3 枚外背距，内外两侧听器均为封闭型。各足腿节腹面缺刺。雌虫尾须较短，圆锥形；下生殖板后缘中央方形凹入；产卵瓣较弱地向上弯曲，端部尖锐。

邦内特姬螽成虫

蚤蝼总科 Tridactyloidea

蚤蝼科 Tridactylidae

日本蚤蝼 *Tridactylus japonicus* De Haan

日本蚤蝼成虫

体长 5~5.5mm。体黑色有光泽，后足腿节上有黄白色斑纹。触角短，11 节。复翅短，后翅长，超过腹端。无听器和发音器。前足胫节适于挖掘，后足腿节特别粗大，适于跳跃。前中足跗节 2 节，后足跗节 1 节或缺。后足胫节有能活动的游泳片，能展开如扇形，有助于在不坚实的沙土或水上跳跃；后足胫节的瓣长直且较宽。腹刺 1 对，尾须 1 对。

驼螽总科 Rhaphidophoroidea

驼螽科 Rhaphidophoridae

庭疾灶螽 *Tachycines asynamorus* Adelung

雄虫体长 12.1~15.5mm，雌虫 14.8~ 18.2mm。体灰褐色。头顶暗褐色，复眼黑色，额面具 2~4 条暗色纵条纹。体和足淡黄色，具暗褐色斑点或条纹。前足腿节约为前胸背板长的 1.5 倍，腹面具 5~15 个刺。前足胫节腹面具 1~2 枚内距和 2~3 枚外距（不包括端

距）；中足胫节腹面具 1 枚内距和 1 枚外距（不包括端距）。后足腿节腹面内缘具5~9 个刺，后足腿节背面内、外缘各具 50~71 个刺；后足胫节内侧上端距与后足第 1跗节约等长。

庭疾灶螽成虫

贝氏裸灶螽 *Diestrammena* (*Gymnaeta*) *berezowskii* Adelung

　　雄虫体长 16~21mm，雌虫 16~21mm。体灰褐色，具紫色光泽。颜面具 2 条不明显的暗色纵条纹；足淡黄褐色，具褐色纵条纹。前足腿节腹面缺刺，前足胫节腹面具 1 枚内距和 2 枚外距（不包括端距）；中足胫节腹面具 1 枚内距和 1 枚外距（不包括端距）；后足腿节腹面缺刺。

贝氏裸灶螽成虫

五、竹节虫目 Phasmida

蟾科 Phasmatidae

细皮竹节虫 *Phraortes confucius* Westwood

体长 70~90mm。体黄绿色。头顶较平滑，呈长方形，明显比胸背长。触角细长，淡绿色，长达前足胫节末端。复眼小，圆球形，灰褐色。前胸短，宽、长略相等。中胸约为前胸长的 5 倍；后胸较粗短，约为中胸长的 2/3。自中胸前方至腹部第 9 节的背面中央有条明显的细隆起线。足细长，腿、胫节均为绿色，跗节末端为暗褐色。

细皮竹节虫成虫

六、半翅目 Hemiptera

异翅亚目 Heteroptera

猎蝽总科 Reduvioidea

猎蝽科 Reduviidae

淡裙猎蝽 *Yolinus albopustulatus* China

雄虫体长 20.4mm，雌虫 23.7mm。体黑色，光亮，具短细毛及粗直毛；触角第 4 节、喙的顶端、腹部侧接缘的后半部棕色；而侧接缘第 5、6 节的浮凸泡为淡黄色或奶油色。触角第 1 节最长，喙前端超过前足基节，第 2 节最长，第 3 节最短。前胸背板前叶显著隆起，中央后部具深凹窝。小盾片阔短，后端宽圆形。

淡裙猎蝽成虫

褐菱猎蝽 *Isyndus obscurus* (Dallas)

体长 24~27mm，腹宽 6~9mm。体棕褐色，被淡黄色短柔毛及稀疏的细长毛。触角（除第 3 节基部及第 4 节端部浅色外）、头背面、前胸背板前叶、前翅爪片、膜片及腹部侧接缘均为黑褐色；腹部背面深红色。头柱状，宽小于长的 1/2，复眼着生头的中部。前胸背板前叶光滑，具短毛组成的花纹，在后侧缘向两侧各具 1 个明显的短突；后叶较平，后侧缘有缺刻，向前突出，后缘平直。小盾片中部向上突起。前翅刚达腹部末端（雌）或稍超过腹部末端（雄）。

褐菱猎蝽成虫

褐菱猎蝽捕食

红缘真猎蝽 *Harpactor rubromarginatus* Jakovlev

体长 13.5~14.5mm，腹宽 3.8~4.5mm。体黑色，被淡色短细毛，单眼与复眼间的小

红缘真猎蝽成虫

斑、头腹面及各足基节臼周缘为黄色；前胸背板侧缘及后缘、腹部侧接缘红色。头小，短于前胸背板；触角较长；喙粗短，基部甚弯曲。前胸背板前、后叶分界清楚；前叶较大而隆起，长于后叶的 1/2，中纵沟短，紫红色；后角明显伸出。小盾片三角形，端部具直立刺一枚。前翅革片顶端内侧有一个四边形小室；雌虫膜片达腹部末端，雄虫稍有超过。足黑色。

环斑猛猎蝽 *Sphedanolestes impressicolli* Stål

体长 17~18mm，宽 5~5.4mm。体黑色，被短毛，光亮。触角第 1 节最长，具有 2 个浅色环纹。各足腿节具 2~3 个黄色环斑，胫节具 1 个。腹部腹面中部及侧接缘各节端半部均为黄色或浅黄褐色。头的横缝前端显著长于后部。前胸背板前叶呈两半球形，其近中央后部具小短脊；后叶显著大于前叶。腹部腹面密被白色短毛。雄虫腹部末端后缘中央突出，具 2 个小钩突。

环斑猛猎蝽侧面

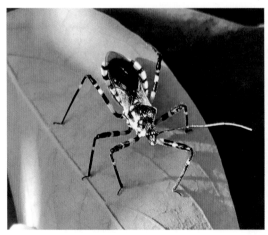

环斑猛猎蝽成虫背面

环斑猛猎蝽交配

黑红赤猎蝽 *Haematoloecha nigrorufa* (Stål)

体长约 12mm。体黑色或黑褐色至赤黑色，前胸背板、革片前缘与膜片交界附近、侧接缘各节前半部、体下周缘朱红色或血红色。触角 8 节，第 1 节最短，第 2 节最长，其他各节细而短。前胸背板光泽强，中央有"十"字形沟，近后侧角有纵沟。小盾片端部延伸呈叉状凸起。前翅几乎达腹端，无光泽。前足股节较膨大。

黑红赤猎蝽成虫

盲蝽总科 Miroidea

盲蝽科 Miridae

斑膜合垫盲蝽 *Orthotylus sophorae* Josifov

体长 4.1~4.3mm。体淡绿至黄绿色，密被淡黄白色半倒伏毛。触角淡褐色，胫节淡黄绿色，跗节端褐色，前翅膜片小翅室后具黑斑。

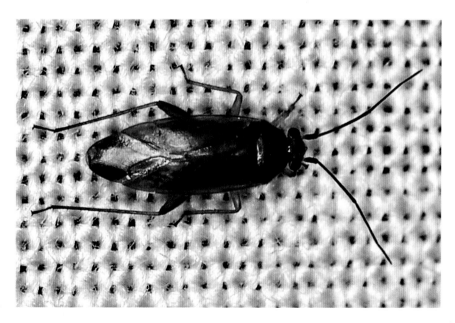

斑膜合垫盲蝽成虫

苜蓿盲蝽 *Adelphocoris lineolatus* (Goeze)

体长 6.5~7.5mm。背黄褐色。触角细长，端半部色深。前胸背板斑纹变化较大，胝区隆突，黑色或褐色，其后缘有2个黑色圆斑。小盾片突出，具2条弯折的黑色纵带。前翅黄褐色，前缘具黑边，膜片黑褐色。足细长，腿节具黑色斑点，胫节刺基具小黑点。腹部基半两侧具褐色纵纹。

苜蓿盲蝽成虫

三点苜蓿盲蝽 *Adelphocoris fasciaticollis* Reuter

体长 6.5~7.3mm。体暗黄色，具黑褐色斑纹，被覆白色密毛。触角红褐色，细长，第1、2节基半部及第3、4节基部为黄褐色。前胸背板光泽强，胝区黑，呈横列大黑斑状。小盾片淡黄至黄褐色，侧角区域黑褐色。爪片黑褐色或外半黄褐色。革片及缘片同底色，后部2/3中央的纵走三角形大斑黑褐色。小盾片两基角、爪片、革片端半部及其顶角和膜片的内基角及顶角暗褐色，因而衬现出小盾片及2个楔片呈3个显著的黄色大斑，故名。翅长远超过腹部末端。

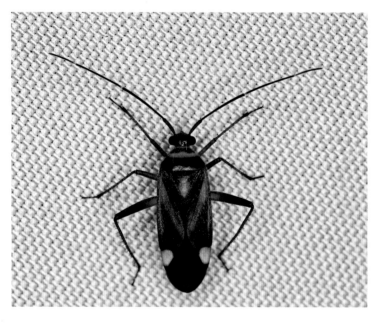

三点苜蓿盲蝽成虫

淡尖苜蓿盲蝽 *Adelphocoris sichuanus* Kerzhner et Schuh

体长6.1~8mm。体淡污黑褐色，有时略具锈褐色。触角第1节紫黑色；第2节基半淡灰黄色或淡黄色，端半及最基部红褐色至黑褐色，第3、4节污紫褐色，端段黄白色。前胸背板底色与头部相同。小盾片污黑褐色，端角处呈黄白色的菱形斑。爪片与革片淡污黑褐色，革片外半常色较淡，与缘片同为淡污灰色或灰黄色。楔片中部黄色部分只占1/3，基部的三角形黑斑及黑色端角均很大。腿节紫黑色，后足腿节亚端部背面有一色较淡的半环或斑，内有一黑色小斑。胫节淡色至淡锈褐色。

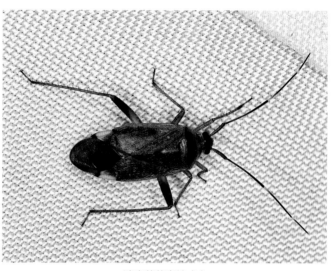

淡尖苜蓿盲蝽成虫

波氏木盲蝽 *Castanopsides potanini* (Reuter)

体长6.1~8.1mm。体背面浅黄褐色，略带红色并略具光泽。触角第1~3节，除第2节端部1/6和第3节端部2/5黑褐外，均为黄褐色，第4节深褐色。前胸背板黄褐色，略带红色；胝色略深，胝前半及胝前区有时具4个黑斑，可愈合为一；后缘极窄的黄白色，或整个前胸背板黑色，仅后缘为黄白色。小盾片黄白至黄褐色或深褐色，端角色略浅，从端角发出一条黄白色纵纹，向前渐细淡，达于小盾片中部。前翅缘片淡黄褐色。端半红色；爪片浅红褐色，接合缘红色；楔片黄白色，半透明，端部1/4~1/3红褐色，长约为基部宽的2倍。膜片淡烟褐色。足黄褐色，腿节端部1/2~2/3为红色；胫节刺黑色。

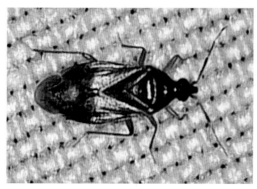

波氏木盲蝽成虫

绿后丽盲蝽 *Apolygus lucorum* (Meyer-Dür)

又名：绿盲蝽。

体长约 5mm。体黄绿、绿或浅绿色。头部暗，呈三角形，黄绿色，复眼黑褐色。触角第 2 节最长，约等于第 3、4 节长度之和。前胸背板上具极浅的小刻点，前缘与头相连部分有一领状脊棱。前翅绿色，上具稀疏黄色短毛及微细刻点，膜片透明，略呈暗色。足绿色，胫节具黑褐小刺。腹面绿色，由两侧向腹中央微隆起，并生有稀小短毛。

绿后丽盲蝽成虫

绿后丽盲蝽在梨芽上的卵

绿后丽盲蝽卵放大

横断异盲蝽 *Polymerus funestus* (Reuter)

体长 4.7~6.5mm。体黑色，有光泽。触角黑褐色。前胸背板黑色，后缘黄白色。小盾片隆起，与中胸盾片之间的凹痕颇深。革片毛聚集成很不规则的图案，相互连续，不成明确而分散的小毛斑。爪片缝两侧、楔片端角以及革片在爪片端角后的内缘有一小段均为白色。膜片灰黑色，脉淡色。足的腿节、胫节两端以及体下全部为黑色。胫节黄白色。

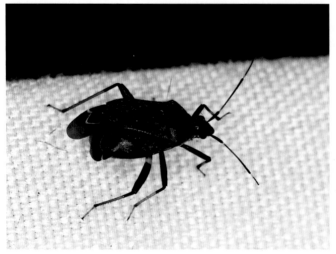
横断异盲蝽成虫侧面

横断异盲蝽成虫背面

原丽盲蝽 *Lygocoris pabulinus* (Linneaus)

体长 5.3~7.4mm。体背面浅绿色，无深色斑。触角第1、2节黄褐色，第2节端部1/3~2/3深褐色；第3、4节深褐色；有时第1节略带绿色。前胸背板浅绿色，胝前有时带黄色；刻点细密，具黄褐色毛。小盾片具横皱。半鞘翅刻点细密且浅，楔片长约为基部宽的2倍；膜片灰褐色，翅脉浅绿色。足黄褐色，无斑；胫节刺浅黄褐色。跗节几乎全为深色。

原丽盲蝽成虫

网蝽科 Tingidae

梨冠网蝽 *Stephanitis nashi* Esaki et Takeya

体长 3.5mm 左右。头部红褐色，5枚头刺浅黄色。前翅"X"黑斑十分明显，且此斑外侧隐约见一浅横斑；前翅相对宽短，后半部的前缘几与后缘平行；中域外侧上翘，中域长度仅达翅长的1/2，最宽处3~4列网室；前线域中部黑斑处3列网室，最宽处4列网室；亚前缘域2列网室；膜域3列网室。

梨冠网蝽成虫

梨冠网蝽若虫

折板网蝽 *Physatocheila costata* (Fabricius)

折板网蝽成虫

体长 3.3~3.8mm。深褐色。体长椭圆形，头黑，具微刻粒，头刺 5 枚，黄褐色。触角 4 节，浅褐色，第 4 节端半部黑色。前胸背板红褐色，胝区黑色；三角突褐色，顶端尖，浅色。前翅中部具宽褐色横带，末部稍外扩，后端内缩，末端宽圆，基部上翘。足浅褐色，具白色短细毛，胫节末端褐色。

悬铃木方翅网蝽 *Corythucha ciliate* Say

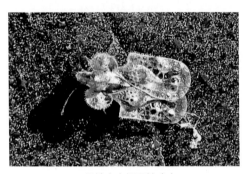

悬铃木方翅网蝽成虫

体长 3.2~3.7mm。体乳白色，在两翅基部隆起处的后方有褐色斑；头兜发达，盔状，头兜的高度较中纵脊稍高；头兜、侧背板、中纵脊和前翅表面的网肋上密生小刺，侧背板和前翅外缘的刺列十分明显；前翅显著超过腹部末端，静止时前翅近长方形。足细长，腿节不加粗。后胸臭腺孔远离侧板外缘。

臭蝽总科 Cimicoidea

花蝽科 Anthocoridae

黑头叉胸花蝽 *Amphiareus obscuriceps* (Poppius)

黑头叉胸花蝽成虫

体长 2.4~2.9mm。体黄褐色，长椭圆形。头顶黑色，前端稍浅；复眼黑；触角除第 2 节基部 3/4 黄色外，余污黄褐色。前胸背板侧边黑褐色；侧缘微凹，略呈薄边状；胝区隆出，前半两侧各有一小陷窝。小盾片基角及侧缘发污，中部凹陷，基部和端部隆出。前翅黄褐色，楔片内缘深褐色，爪片基部和小盾缘、爪片接合缝两侧、内革片及楔片稍污暗；爪片外侧大部及外革片有光泽；膜片污灰褐色；爪片和外革片毛被较密。足深黄色。

长蝽总科 Lygaeoidea

跷蝽科 Berytidae

锤胁跷蝽 *Yemma exilis* Horvath

体长 6.1~7.5mm。体淡褐黄色。触角第 1 节和各足腿节膨大部分以及腹部腹面橙黄色，头两侧眼后部分及前胸背板前叶两侧具黑色纵纹，触角第 1 节最基部及第 4 节基部 3/4、喙的顶端及各足跗节端部黑色。触角短于体长的 1.5 倍，第 2 节显著长于第 3 节。前胸背板较长；二胝相连，中央纵脊中部明显、后端稍膨大；侧角稍呈圆形鼓起，后缘稍内曲。小盾片刺较短，长约为前胸背板后缘宽的 1/3。前翅膜片基部具黑色细纹，前翅超过第 6 背板中央。

锤胁跷蝽成虫

长蝽科 Lygaeidae

角红长蝽 *Lygaeus hanseni* Jakovlev

体长 8~9mm。体黑褐色，被金黄色短毛。头黑色，头顶基部至中叶中部具红色纵纹。前胸背板黑色，后叶前侧缘及其中央的宽纵纹红色，胝沟后方各具一深黑色光裸圆斑。小盾片黑色，横脊宽，纵脊明显。前翅暗红色或红色，爪片除外缘外红色，近端部的光裸圆斑和革片中部的光裸圆斑黑色。革片在径脉的前方红色，但后半的前缘黑褐色。圆斑的外方红色。爪片接合缝与革片端缘等长。膜片黑色，外缘灰白色，其内角、中央圆斑以及革片顶角处与中斑相连的横带乳白色。腹部红色，末端黑色。侧接缘红色，前部黑色。腹中线两侧各腹节的基部具黑斑。

角红长蝽成虫

红脊长蝽 *Tropidothorax elegans* (Distant)

体长 8.2~11mm。体红色，具黑色大斑，密被白色刚毛。触角黑色。前胸背板具刻点，中央赤黄（或红）色，纵脊由前缘直达后缘；侧缘直且隆起，后缘中部稍向前凹，后部纵脊两侧各有 1 个近方形的黑斑。小盾片黑色，基部平，端部隆起，纵脊明显。前翅爪片黑色，端部红色，或中部黑色，两端红色；革片和缘片的中域有 1 个黑斑；膜质部黑色，基部近小盾片末端处有 1 枚白斑。其前缘和外缘白色。各节腹板均具有红、黑相间的横带。足黑色。

红脊长蝽成虫　　　　　　　　　　　红脊长蝽成虫群集

小长蝽 *Nysius ericae* (Schilling)

体长 3.6~4.5mm。触角褐色，第 1、4 节常略深。前胸背板污黄褐色，黑褐色刻点大而匀且密，胝区处成一宽黑横带，边缘较完整，中线处向后延伸成一短黑纵带。小盾片铜黑色，有时两侧各有一大黄斑，后半部有时有隆起的小脊。前翅淡白色，半透明，在各翅脉上有一褐斑。膜片几无色，半透明，几乎无深色斑。翅前缘外拱不强。足淡黄褐色，腿节具黑斑点。第 7 腹节背板两侧黄色部分面积小。

 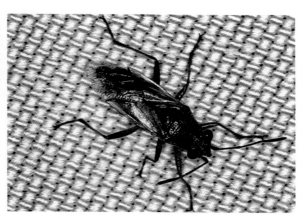

小长蝽成虫　　　　　　　　　　　小长蝽成虫

地长蝽科 Rhyparochromidae

白斑地长蝽 *Rhyparochromus*（*Panaorus*）*albomaculatus* (Scott)

体长 7.2~9.8mm。触角第 1 节褐色至黑色，或前半淡色；第 2 节黄褐色，端部渐成黑褐色，第 3 节全黑色，第 4 节黑色，基部有一白环。前胸背板前叶黑色，其余黄白色。

小盾片黑色，具刻点，沿侧缘端半各有一黄带，排成"V"形，或仅小盾片末端淡色。爪片与革片淡黄褐色，刻点褐色，爪片基部有时黑色。革片中部后方在内角处有一黑褐色横带，向外渐狭，其后为一白色近三角形的大斑。膜片黑褐色，散布不规则的细碎斑。前腿节黑色，中、后足腿节基部 1/3~1/2 淡黄褐色，其余黑色，各足胫节全黑色或黄褐色至淡褐色，端部常加深。

白斑地长蝽成虫

缘蝽总科 Coreioidea

缘蝽科 Coreidae

斑背安缘蝽 *Anoplocnemis binotata* Distant

体长 20~24mm。体黑褐色至黑色，被白色短毛。触角基部 3 节全黑色，第 4 节基半部赭红色，端半褐色，最末端赭色。前胸背板中央具纵纹，该纹在后部甚不明显；侧缘平直，侧角圆钝，表面具颗粒。小盾片有横皱纹，末端淡色。前翅革片棕褐色，膜片烟褐色。腹部背面黑色，中央具 2 个浅色斑块。雄虫后足腿节粗壮弯曲，内侧近端部扩展成 1 三角形齿；后足胫节内侧轻度扩展，端部突出呈小齿状。

斑背安缘蝽若虫

斑背安缘蝽雌成虫

斑背安缘蝽雄成虫

瘤缘蝽 *Acanthocoris scaber* (Linnaeus)

瘤缘蝽成虫

体长11~13.5mm。体深褐色，密被短刚毛及粗细不一的颗粒。触角第3节最长，第4节最短。前胸背板后侧缘齿稀小。前胸背板散生显著的瘤突，侧角向后斜伸，尖而不锐；后侧缘具大小不一的齿，后半段齿粗大。前翅外缘基半段毛瘤显著，排成纵行，膜质部黑褐色，基部内角黑色，中区隐约可见数枚黑点。各足胫节近基部有1黄白色半环圈，后足腿节膨大，内侧端半段具3刺，外侧顶端具1粗刺。腹背橘黄色，侧接缘各节基部黄色。

点蜂缘蝽 *Riptortus pedestris* Fabricius

体长15~17mm。体黄褐色至黑褐色，被白色细绒毛。触角第1、2、3节基半部色淡，第4节基部距1/4处色淡。前胸背板及胸侧板具许多不规则的黑色颗粒，前胸背板前叶向前倾斜，前缘具领片，侧角成刺状。小盾片三角形。前翅膜片淡棕褐色，稍长于腹末。腹部侧接缘稍外露，黄黑相间。足与体同色，胫节中段色淡，后足腿节极大，有黄斑，腹面具4个较长的刺和几个小齿。后足胫节向背面弯曲。

点蜂缘蝽成虫

点蜂缘蝽若虫

钝肩普缘蝽 *Plinachtus bicoloripes* Scott

体长雄虫 15.1mm，雌虫 17.8mm。体黑褐色，具黑色密刻点。触角、复眼、腿节端部、胫节和跗节红褐至暗褐色；单眼、各足基节和腿节基部红色；前胸背板侧缘、小盾片顶端、喙、侧接缘各节端半部、腹部末端背面及各腹节腹板两侧斑点黑色。前翅前缘基半部和身体腹面橘黄色；腹部背面橘红色。前胸背板亚梯形，侧缘近斜直，边缘具细齿。前翅膜片烟褐色，半透明，后部接近腹端。

钝肩普缘蝽成虫

一点同缘蝽 *Homoeocerus unipunctatus* (Thunberg)

体长 13.5~14.5mm。体黄褐色。触角第 1~3 节略呈三棱形，并具黑色小颗粒，第 1 节较粗壮，第 2 节最长，第 4 节纺锤状。前胸背板侧缘具淡色窄边，侧角稍突出，微向上翘。前翅革片中央具有 1 个黑点，膜片不完全盖住腹部末端。腹部两侧较明显扩张，侧接线部分展出，上具浓密小黑点。

一点同缘蝽成虫

宽棘缘蝽 *Cletus rusticus* Stål

体长 9~11.5mm。体背面暗棕色，腹面黄褐色。触角暗红色，第 1 节最长，第 2 节稍短于 1 节，第 4 节最短。前胸背板前后截然两色，前半部黄色，后半部深色，侧角向两侧显著伸出，略向上翘，末端尖锐，角体黑色，基部略带红色。翅革质部前缘具黄色狭边，光滑无刻点；革质部近顶角带红色，膜片灰褐色。侧接缘黄色。腹部背面基部及两侧黑色，其余部分红黄色。

宽棘缘蝽成虫

稻棘缘蝽 *Cletus punctiger* (Dallas)

体长 9.5~11mm。体黄褐色。触角第 1 节较粗，向外略弯，显著长于第 3 节；第 4 节纺锤形。前胸背板侧角细长，略向上翘，末端黑，稍向前指，侧角后缘向内弯曲，有小颗粒突起，有时呈不规则齿状突。前翅革片侧缘浅色，近顶缘的翅室内有 1 浅色斑点。膜片淡褐色，透明。腹部背面橘红色。侧缘黑，腹下色较浅，各胸侧板中央有 1 黑色小斑点，腹部腹板每节后缘有明显的 6 个小黑点列成 1 横排；每节前缘亦横列若干小黑点。

稻棘缘蝽成虫

蝽总科 Pentatomoidea

蝽科 Pentatomidae

益蝽 *Picromerus lewisi* Scott

体长 11~16mm。体暗黄褐色，密布褐色刻点。触角黄褐色，第 3 节端、第 4 和第 5 节端半部黑褐或暗棕色。前胸背板黄褐色，中纵线细；前半叶及近侧角处常具黑色斑，前缘呈弧形向后凹入；侧缘前半略直，具明显的粗锯齿状凸起，黄褐色，后半部光滑；前角短小，侧角延伸呈角或刺形。小盾片三角形，基角具明显淡黄色斑，顶角光滑，橙黄色或黄白色。前翅膜片具淡褐斑，末端略超出腹端。侧接缘外露，黄黑斑相间。足黄褐或黄色，腿节具黑褐色小斑，胫节基部及端部褐至黑色。

益蝽成虫

益蝽捕食

全蝽 *Homalogonia obtusa* (Walker)

体长 12~15mm。体灰褐色、黄褐色至黑褐色，背面密布黑色刻点。触角细长，棕红褐色，末端两节端半黑色。前胸背板前侧缘稍内凹，前半具锯齿，侧角钝圆，显著外伸，稍向上翘并向前侧方斜指；胝区周围光滑，其后方横列 4 个小白斑，此斑有时模糊不清，甚至仅留痕迹。小盾片近三角形，末端狭而不锐。前翅革质部色泽一致，膜片色淡、透明，灰黄色。侧接缘外露，具黑色刻点，呈棕褐色，各节缝间有时微显黄色。足黄褐色，被黑色碎斑，腿节碎斑大于胫节。

全蝽成虫

珀蝽 *Plautia fimbriata* (Fabricius)

体长 8~11.5mm。头鲜绿，侧叶与中叶等长。触角第 2 节绿色，第 3、4、5 节基半绿黄色，端半部黑褐色。前胸背板梯形，鲜绿色，胝区光滑，前缘具一光滑细线状狭领，侧缘略直，边缘色深，呈细线状，后缘直；前角不显著，两侧角圆而稍凸起，红褐色，后侧缘红褐。小盾片鲜绿，末端色淡。前翅革片、爪片棕色，略带红色，密被黑色刻点，并常组成不规则的斑；缘片常成绿色，膜片透明，脉淡褐色。侧接缘略外露或被翅覆盖。足腿节、胫节鲜绿色，跗节常为黄绿至黄褐色。

珀蝽成虫

横纹菜蝽 *Eurydema gebleri* Kolenati

体长 5.5~8.5mm。体黄色或红色，具黑斑。头较宽阔，边缘黄、红色，侧叶中部具较宽阔的黄色区域。触角黑色。前胸背板梯形，红、黄色，有 6 个大黑斑，前 2 后 4，有时后 4 块黑斑左右两块紧靠，融合成一个，前缘和前侧缘成黄色卷边。小盾片基部有一大型黑三角斑，近顶角处两侧各有 1 个小黑斑，其余部分及顶角均为红、黄色。前翅革质部蓝黑色，缘片外缘及基半部黄、红色，革片端具一斜伸的黄、红色斑；膜片烟色半透明，外缘无色透明，末端略超出腹端。侧接缘黄色，不露或微露。各足腿节端部背面具黑斑，胫节两端及跗节均为黑色。

横纹菜蝽成虫

菜蝽 *Eurydema dominulus* (Scopoli)

菜蝽成虫

体长 6~9mm。体黄色、橙黄色或橙红色，具黑斑。头黑色，边缘黄色、橙黄或橙红色。触角全黑色。前胸背板梯形，有 6 块黑斑，前 2 块为横斑，后 4 块斜长，靠近背中线 2 块较大。小盾片橙黄色或橙红色，基部中央有 1 大三角形黑斑，近端部两侧各有 1 个小黑斑。翅革质部橙黄色或橙红色，缘片小部及端部各具 1 个小黑斑，革片内侧具一大黑斑，端部近外角处有 1 个黑斑，此斑与缘片端黑斑紧靠，形成 1 个较大黑斑，爪片黑色，膜片烟色。足腿节黑色或近端部背面具黑斑，胫节黑色或两端黑色，中部黄色。

蓝蝽 *Zicrona caerula* (Linnaeus)

体长 6~9mm。体蓝色、蓝黑色或紫蓝色，有光泽。触角 5 节，蓝黑色。前胸背板略前倾，表面略具横皱，前缘弧形向后凹入，侧缘略直，后缘近小盾片基部处直；前角小，向两侧略伸出，侧角圆钝，不向两侧伸出。小盾片三角形，端部圆。前翅前缘略向前凸出，不呈直线。膜片褐色，半透明，末端超出腹末。侧接缘略外露。

蓝蝽成虫

广二星蝽 *Stollia ventralis* （Westwood）

广二星蝽成虫

体长 6~7mm。体黄褐色，密被黑色刻点。头部黑色或黑褐色，多数个体在复眼基部上前方有 1 个小黄白色点斑。触角基部 3 节淡黄褐色，端部 2 节棕褐色。前胸背板略前倾，骶黑色，前缘微凹入，侧缘略直，略呈卷起的黄白色狭边，后缘向后微凸；前角小，斜指，黄白色，侧角圆钝，不突出。小盾片舌状，基角处黄白色斑很小，端缘常有 3 个小黑点斑。翅膜片透明，长于腹端。侧接缘几乎全被覆盖，节间后角上具黑点。足黄褐色，被黑色碎斑。

北方辉蝽 *Carbula putoni* (Jakovlev)

体长 8~9mm。体暗褐至紫褐色，稍带铜色至紫铜色光泽。触角黄色，第 4、5 节端半棕黑。前胸背板前缘内凹，前角前伸，直抵复眼，前侧缘厚，内凹，其前半段黄白色，具横皱，中线淡色，前缘区、前侧缘区及侧角区黑色，侧角较圆，末端向外平伸。小盾片末端钝圆，基缘有 3 个横列的小白点。前翅革质部基侧缘黄白色，膜片透明，脉色略深，末端超出腹端。侧接缘黑色，各节外缘具星月形白边。各足黄色，腿、胫节具黑色碎斑。

北方辉蝽成虫

弯角蝽 *Lelia decempunctata* (Motschulsky)

体长 14.4~22mm。体黄褐色。触角 1~3 节淡黄褐色，第 4 节（除基部外）与第 5 节均为黑色。前胸背板胝后横列 4 个黑色小斑，前缘向后凹入，侧缘中部明显向内凹入，边缘具淡黄色短小齿状突，后缘近小盾片基部处直；前角小，斜指，紧靠复眼外缘，侧角粗壮，微上翘，前伸，边缘光滑。小盾片三角形，基角处各有一较小下凹黑斑，基半中央有 4 个黑色小圆斑，顶角边缘光滑。前翅革质部前缘略突出，色略深，膜片淡色，透明，末端略超出腹端。侧接缘外露，单一色。足淡黄褐色，胫节末端与跗节色略深。

弯角蝽成虫

蠋蝽 *Arma chinensis* (Fallou)

体长 10~14.5mm。体黄褐色或黑褐色。触角淡黄褐色，第 3 节除基部和端部外为褐色或黑色，第 4 节端部 2/3 常为黑色。前胸背板梯形，前侧缘直，常具很狭的白边，白边内侧具黑色刻点，前半部具细齿，前缘向后呈弧形凹入，后缘直；前角略锐，侧角圆钝，刻点密集呈黑色，中纵线隐约可见。小盾片三角形，两侧缘微向内凹入，顶角圆形，基角处有一较小凹陷，中纵线隐约可见。前翅革质部刻点浓密，前缘微向前拱；膜片半透明，远超出腹端。侧接缘外露，具黄褐斑，各节前后端常各有 1 个小黑斑。各足淡黄褐色，被刻点。

蠋蝽成虫捕食

茶翅蝽 *Halyomorpha halys* Stål

体长 12~16mm。体茶褐色、淡褐黄色或黄褐色。触角细长，黄褐色，第 3 节端部、第 4 节中部、第 5 节大部为黑褐色。前胸背板侧缘直，黄色；胝区明显，其后有 4 个黄色横列的斑点；前角小，黄白色，侧角黑褐色，圆钝，略向外伸出。小盾片基缘常具 5 个隐约可辨的淡黄色小斑点。前翅革质部密被黑色刻点，膜片透明，翅脉褐色，末端超出腹端。侧接缘外露，黄黑斑相间。足淡黄褐色，腿节具黄褐色碎斑，基部较少，胫节上黑褐色碎斑较小，两端较密。

茶翅蝽的卵

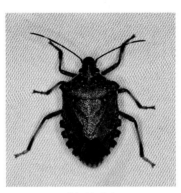

茶翅蝽成虫

茶翅蝽成虫

斑须蝽 *Dolycoris baccarum* (Linnaeus)

体长 8~13.5mm。体椭圆形，黄褐色。触角第 1 节黄色，仅端部黑色，第 2、3、4 节基部及端部淡黄色，其余部分均为黑色，第 5 节基部黄色。前胸背板梯形，侧缘常呈淡白色边，斜直，后缘在小盾片基部处呈直线，前缘呈弧形向内凹入；侧角圆钝。小盾片三角形，黄褐色，末端淡色。前翅革片淡黄褐色至暗红褐色，密被黑色刻点，缘片黄褐色，膜片烟色，半透明，具褐色斑，超过腹部末端。腹侧接缘外露，黄黑相间。足黄褐至褐色，腿、胫节被零星小黑斑，跗节黑色。

斑须蝽成虫

麻皮蝽 *Erthesina fullo* (Thunberg)

又名：黄斑蝽。

体长 21~24.5mm。体黑色，密布黑色刻点和细碎的不规则淡色黄斑。触角黑色，第5节基部 1/4 为浅黄白色或黄色。前胸背板梯形，黄色中纵线明显可见，胝区黑色，前缘向后凹入，侧缘微弯曲，呈黄色窄边状，前半部略呈锯齿状，后半部光滑，后缘近小盾片基部呈直线；前角尖，略突出。小盾片细长，基半部黄色中纵线明显可见，不规则黄色斑较多，顶角呈舌状。前翅爪片及革片红褐色，革片中域黄斑较少，缘片黑色；膜片烟色，半透明，末端略超出腹端。侧接缘外露，黄黑斑相间。腿节浅黄色，两侧及端部呈黑褐色；各胫节黑色，中段具淡黄白色环斑。

麻皮蝽成虫　　　　　　麻皮蝽卵与若虫　　　　　　麻皮蝽若虫

谷蝽 *Gonopsis affinis* (Uhler)

又名：虾色蝽。

体长 12~16mm。体污黄褐色至红褐色。触角黄褐色或紫红色，第1节常淡黄色，第5节端半部黑褐色。前胸背板两侧角间具淡色的横脊，脊前部分下倾，后部较平坦；前缘弧形，侧缘略向内弯曲，锯齿状，呈淡黄褐色，后缘中部向前略凹；前角小，侧角平伸，末端尖，侧角后缘直。小盾片长三角形，基半部常具黑色小刻点，常有 3 条贯全长的淡黄色纵纹。前翅前缘常呈淡黄色，有时后半部不显著，革质部紫红色或黄褐色，膜片透明，其上脉周缘常有黑色细线。侧接缘外露，一色。足黄褐色至红褐色，腿节及前胫节被黑色小碎斑。

谷蝽成虫

小皱蝽 *Cyclopelta parva* Distant

体长 12~15mm。体黑褐色。触角 4 节，黑色。前胸背板大而平，上有许多横皱纹，前侧缘平滑。小盾片三角形，上有横皱纹，在基部中央和端部各有 1 个三角形黄色斑。腹部背面红褐色，两侧各有 6 个对称的小黄点。腿节下方有刺。

小皱蝽成虫

荔蝽科 Tessaratomidae

硕蝽 *Eurostus validus* Dallas

体长 25~34mm。体酱褐色，具绿色金属光泽。触角 4 节，前 3 节黑褐色，第 4 节呈黄色或橙黄色。前胸背板梯形，略前倾，表面具细微横皱。前缘、侧缘内侧及胝区呈金色。前缘中部向后略凹入，侧缘弯曲，后缘向后凸出。侧角圆钝。小盾片呈三角形，两侧呈金绿色，顶角半圆形，黑褐色。前翅革质部褐色，表面密被细小同色刻点，有时基部或外缘亦具较浅的金绿色。膜片烟色，半透明。腹侧接缘外露，常呈金绿色。足黑褐色。

| 硕蝽成虫 | 硕蝽若虫红色型 | 硕蝽若虫绿色型 |

盾蝽科 Scutelleridae

金绿宽盾蝽 *Poecilocoris lewisi* (Distant)

体长 14.8~17.3mm。体金绿色。前胸背板及小盾片具橙黄色至玫瑰红色斑纹。头部金绿色。触角暗紫色，第 1 节基部黄褐色。前胸背板金绿色，具一横置"日"字形纹，玫瑰红色，斑纹边缘近蓝紫色。前角近直角，侧角钝圆，侧缘稍呈拱形，后缘内凹。小盾片宽大，背面隆起，宽稍大于长，近端部舌形，密布小而深的刻点，具玫瑰红色斑纹。前翅黄褐色，未被小盾片遮盖部分金绿色。膜片灰褐色，翅脉棕褐色，纵脉清晰。腿节黄褐色，胫节外缘金绿色，跗节黑褐色。

金绿宽盾蝽成虫绿色型　　　　金绿宽盾蝽成虫黑色型　　　　金绿宽盾蝽若虫

土蝽科 Cydnidae

圆阿土蝽 *Adomerus rotundus* (Hsiao)

体长 3.4~5.0mm。体黑褐色，具光泽。触角褐色。前胸背板梯形，深褐色，侧缘略弯，呈淡黄色狭边，前缘呈弧形向内凹入，后缘略向后突出；胝区刻点稀少；前角及侧角圆钝。小盾片三角形，褐色，略具光泽。前翅褐色，具刻点，翅前缘向外圆凸，边缘呈白色狭边，革片中部常具淡白色小斜斑，膜片黄褐色。侧接缘黄白色。

圆阿土蝽成虫

青革土蝽成虫

青革土蝽 *Macroscytus subaeneus* (Dallas)

体长 8.1~10.5mm。体褐色至黑褐色。触角褐色。前胸背板呈梯形，黑褐色；侧缘略弯，呈薄狭边状，后侧缘向两侧扩展成瘤状，覆盖真正侧角，前、后角均圆钝。小盾片呈长三角形，超过腹部中央，侧缘平直，端部细缩，顶角圆钝。前翅前缘呈弧形向外突出，爪片不超过小盾片末端，膜片烟色，端部及翅脉具深色斑点。足红褐色。

双痣圆龟蝽成虫

龟蝽科 Plataspidae

双痣圆龟蝽 *Coptosoma biguttula* Motschulsky

体长 2.85~4.05mm。体黑色。触角黄色或黄褐色，末二节色深。前胸背板黑色，有些个体前缘处具两个小黄斑；侧缘扩展部分较小，具一条黄色斑纹；中部横缢不十分明显。小盾片黑色，两端具黄色斑点，侧脉完全黑色或具两个小黄斑，侧、后缘具黄边，但有些个体黄边模糊不清。足黄至黄褐色，腿节常颜色深。

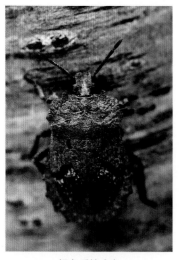

短角瓜蝽成虫

兜蝽科 Dinidoridae

短角瓜蝽 *Megymenum brevicornis* (Fabricius)

体长 13~16mm。体紫红铜色，有金属反光。头顶方形，中央有一缺刻，头中央下陷呈匙状。触角浅黄褐色，基部黑色。前胸背板多平行粗皱纹，凹凸不平，在前缘的中央处有一个明显的瘤状突起，前角小尖刺状，前侧缘前半曲折强烈，凹入部分较深，前角和侧角之间更有一个大的、片状且多锯齿的钝角。小盾片具皱纹，有一 "Y" 形脊，基角处各有一肾形的黑色凹陷，基部中央有一小黄斑，或不明显。革片约和小盾片等长，膜片黄白色，翅脉为不规则网状。

同蝽科 Acanthosomatidae

细齿同蝽 *Acanthosoma denticauda* Jakovlev

体长 14.3~18mm。体黄绿色或翠绿色。头部、前胸背板、胝区及小盾片常黄褐色。触角、有时小盾片基角及端角，足和身体腹面，浅棕至暗棕色。前胸背板后区及前翅革片黄绿。前胸背板侧角端部、侧接缘各节节缝横带及雌虫第 7 腹节腹板后缘中央常棕黑色。前翅膜片浅棕色，半透明。腹部背面及腹端常棕褐至红褐色。前胸背板侧线中央略凹入，侧角稍突出，较窄钝。

细齿同蝽成虫

蝉亚目 Cicadorrhyncha

蝉科 Cicadidae

山西蟪蝉 *Tettigetta shansiensis* (Esaki et Ishihara)

体长 15.2~19.1mm。体背近黑色，有斑纹，被银白色短毛。中胸背板黑色，或有时中央有一对模糊的褐色细纵纹，"X"形隆起和后胸背板中央黑色，两侧褐色。前后翅透明，前翅前缘脉和基半部翅脉淡黄褐色，端半部脉深褐色；前翅 M-Cu1 脉在基室处愈合，其共柄长度明显短于基室下缘长度，约为其长度的 1/2。

山西蟪蝉成虫

黑蚱蝉 *Cryptotympana atrata* (Fabricius)

体长 40~45mm，头顶到翅端长 67~72mm。体黑色、密被金黄色细短毛，但前胸和中胸背板中央部分毛少光滑，雌雄个体形状大小相似，仅雄虫腹部第 1 节有发育器。中胸背面后部有"X"形突起，突起部分黄褐色。翅脉基半部黄褐色，向翅端逐渐到黑褐色，翅基部约 1/4 部分的脉间黑色。足黄褐色，有黑斑，前足腿节内侧的 2 根刺黑色。

黑蚱蝉成虫侧面

黑蚱蝉成虫背面

黑蚱蝉为害状

鸣鸣蝉 *Oncotympana maculaticollis* Motschulsky

成虫体长 33~36mm。体黑色，具绿色斑，胸部后缘及腹部具白色蜡粉。前翅横脉上具 4 个褐色斑，外缘脉端部具 6~7 个深褐色斑；腹部末端 3 节尖。

鸣鸣蝉成虫侧面　　　　　　　　　　鸣鸣蝉成虫背面

螗蜅 *Platypleura kaempferi* (Fabricius)

体小型，短宽，长 20~25mm，翅展 65~75mm。头、前胸及中胸背板暗绿色，有时带黄褐色，斑纹黑色。前胸前端平截，比中胸背板稍宽；前胸两侧叶突出。腹部各节黑色，后缘暗绿色。前足腿节中部具黄褐色环。前翅常具褐色云状斑，近外缘翅面上褐色云状斑大。后翅不透明，除外缘膜外几乎全部褐色。背瓣半圆形，盖住发音器大部分；腹瓣短阔，末端半圆形，左右互相接触，盖住发音器。

螗蜅

叶蝉科 Cicadellidae

大青叶蝉 *Cicadella viridis* (Linnaeus)

雌虫体长 9~10mm，雄虫 7~8mm。体青绿色，头橙黄色，复眼黑褐色，有光泽。头冠前半部左右各有 1 组淡褐色弯曲横纹，两单眼之间有 2 个多边形黑色斑点。触角窝上方有黑斑 1 块。前胸背板前缘黄绿色，其余部分为深绿色。前翅蓝绿色，前缘区淡白色，前翅末端灰白色，半透明；后翅及腹部背面烟黑色。腹部两侧、胸部与腹部腹面及胸足均为橙黄色，后足胫节上刺列的各刺基部为黑色。

大青叶蝉成虫　　　　　　　　　　大青叶蝉卵

白边大叶蝉 *Kolla atramentaria* (Motschulsky)

体长 6.5mm 左右。体黄色，部分黑色。整个头部浓黄色；头冠有 4 个大型黑斑。复眼黑色；颜面浓黄色。前胸背板前半部浓黄色，后半部黑色，黑色部分向前突出。小盾片浓黄色，在基部有二黑斑分列两侧。前翅黑色，翅端色浅，前缘为淡黄白色；后翅淡黑色。腹部背面黑色，侧缘淡黄。足淡黄色，但向端部色较深，爪黑色。

白边大叶蝉成虫侧面　　　　　　　　　　　白边大叶蝉成虫背面

黑尾大叶蝉 *Bothrogonia ferruginea* (Fabricius)

体长 13mm 左右。头部、前胸背板橙黄色，腹部黑色。头冠中央后端有 1 块圆形黑斑，头冠顶端另有 1 块长方形黑斑；前、后唇基相交处有 1 条横向黑斑纹。复眼及单眼黑色。前胸背板上有黑斑 3 块，呈"品"字形排列。小盾板橙黄色，中央有 1 个黑斑。前翅橙黄色略带褐色，翅基部有 1 个黑斑，翅端部为黑色；后翅黑色。足淡黄白色，基节、腿节端部、胫节上、下端以及跗节均为黑色。

黑尾大叶蝉成虫

桃一点斑叶蝉 *Singapora shinshana* (Matsumura)

桃一点斑叶蝉成虫

体长 3.1~3.3mm。体绿色，覆 1 层白色蜡质。头冠顶端有 1 个圆形黑斑点，其外围有 1 个白色晕圈。复眼黑色。小盾板基部近两基角处各有 1 条明显的黑色斑纹，但有时色泽变浅。前翅半透明，淡绿色，前缘具有长圆形白色蜡质区。雄虫腹部背面有黑色宽带，雌虫的黑带则缩减成 1 个黑斑。足暗绿色，爪黑褐色。

葡萄斑叶蝉 *Erythroneura apicalis* (Nawa)

体长 3~4mm。体黄白色或红褐色。头部向前突出，头冠顶部有 2 个明显的近圆形黑斑。前胸背板淡黄色，前缘区有几个淡褐色斑纹，但斑纹大小变化很大，有时缺如；背板后部有 2 个较大的黑斑。小盾板淡黄色，在基缘近侧角处各有 1 块大黑斑。各足跗节端爪呈黑色。

葡萄斑叶蝉成虫褐色型

葡萄斑叶蝉成虫黄色型

葡萄斑叶蝉若虫

窗耳叶蝉 *Ledra auditura* Walker

体长 15~18mm。体深暗褐色。头部向前伸呈钝圆形突出，头冠中部及两侧区凸起似"山"字形，两侧各有大小 2 个凹陷区。前胸背板两边各有 1 个凸起呈片状，向上直立似耳状，故名"耳叶蝉"。小盾板中部、基部平坦，端部凸起。前翅半透明略带黄褐色，散布刻点及褐色小点。腹部背面红褐色，腹面及足均为黄褐色。后足胫节扁平宽阔，胫节外侧缘疏生锐齿及纤毛。

窗耳叶蝉成虫

橙带六室叶蝉 *Thomsonia porrecta* (Walker)

体长4.5~6mm。体黄绿色或淡黄褐色。头部黄绿色，头冠色较暗，颜面较淡而绿色较浓；头冠向前延伸，在头冠部具橙黄色纵带4条。前胸背板黄绿色，中后部色较深，并有横皱。小盾片淡黄绿色，中央的横刻痕弧形；在前胸背板上有6条纵向的橙黄色带，小盾片上3条，此带与头部的纵带相同。前翅黄绿色，在爪片的末端有一个小黑点。

橙带六室叶蝉成虫

片角叶蝉 *Idiocerus urakawensis* Matsumura

体长5mm左右。体淡黄绿色。头部、前胸背板及小盾片为淡黄绿色，仅复眼为绿褐色。小盾片基缘的两侧角在雌虫中具黄色三角形纹，雄虫则呈黑色三角形纹，在中央还有二黑色纹。前翅为黄绿色，半透明；后翅淡白色，近外缘部分的翅脉带有褐色色泽。足为淡黄绿色。虫体腹面及腹部背面均淡黄绿色。

片角叶蝉成虫

凹缘菱纹叶蝉 *Hishimonus sellatus*（Uhler）

体长3.7~4.2mm。体淡黄绿色。头部与前胸背板等宽，前胸背板前缘区有1列灰暗小斑纹，中后区散生淡黄绿色小圆点，侧后缘有2~3个黄褐色斑纹，有些个体斑纹减少或消失。小盾板淡黄色，有些个体小盾板中线及两侧的条状斑纹为暗褐色。前翅淡白色，散布多个黄褐色点纹；前翅后缘中部有1块三角形浅橙褐色大斑，呈折角状，在双翅并拢时2个斑合成1个明显的菱形纹。前翅端部浅黑褐色，其中有4个明显的白色小圆点。足淡黄色，生有褐色斑点。

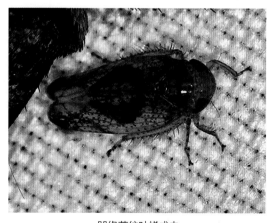

凹缘菱纹叶蝉成虫

增脉叶蝉 *Kutara brunnescens* Distant

体长 6.5~8mm。体黄褐色。头横宽，淡黄色，在前部近端部处有一黑色横线，在此线的中央向后扩展呈黑色横斑。前胸背板黄褐色，杂有黑褐色斑纹；小盾片为姜黄色，在基角处有大型的暗色斑纹，但不明显，小盾片中间夹杂淡褐色斑纹。前翅半透明，淡青褐色，翅脉明显黑褐色，在端室前室中存在淡褐黑色斑纹，翅端缘色暗。

增脉叶蝉成虫　　　　　　　　　　　　　增脉叶蝉成虫

尖胸沫蝉科 Aphrophoridae

白带尖胸沫蝉 *Aphrophora intermedia* Uhler

白带尖胸沫蝉成虫侧面　　　　白带尖胸沫蝉成虫正面

体长 11~12mm，头宽 3~3.5mm。头部褐色，颜面较平，有明显的中脊，横沟暗褐色。复眼长卵形，灰褐色。前胸背板及小盾片暗褐色。前胸前缘突出，顶端尖。前翅褐色，在 1/3 处有显著的灰白色宽横带。后翅灰褐色，透明。腹部腹面黑褐色。足黄褐色，腿节有褐色纵条纹。前、中足胫节有褐色斑，爪黑色；后足胫节外侧有 2 个棘刺。

黑腹直脉曙沫蝉 *Eoscarta assimilis* (Uhler)

体长 8~9mm。体深棕褐色，前翅末端颜色略浅。头、足黑色，复眼红色。

黑腹直脉曙沫蝉成虫

蜡蝉亚目 Fulgoromorpha

蜡蝉总科 Fulgoroidea

广翅蜡蝉科 Ricaniidae

柿广翅蜡蝉 *Ricania sublimbata* Jacobi

体长 8.5~10mm，翅展 24~36mm。头、胸背面黑褐色，腹面深褐色；腹部基部黄褐色，其余各节深褐色，尾器黑色；头、胸及前翅表面多被绿色蜡粉。前胸背板具中脊，两边具刻点；中胸背板具纵脊 3 条，中脊直而长，侧脊斜向内，端部互相靠近，在中部向前外方伸出 1 个短小的外叉。前翅前缘及外缘深褐色，向中域和后缘色渐变淡，前缘及外方 1/3 处稍凹入，此处有 1 个三角形或近半圆形淡黄褐色斑。后翅为暗褐色，半透明，脉纹黑色，脉纹边缘有灰白色蜡粉；翅前缘基部色浅，后缘域有 2 条淡色纵纹。

柿广翅蜡蝉成虫

缘纹广翅蜡蝉 *Ricania marginalis* (Walker)

体长 6.5~8mm，翅展 19~23mm。体褐色至深褐色，有的个体很浅，近黄褐色。额中脊长而明显，侧脊很短。前胸背板具中脊，两边刻点明显；中胸背板长，具纵脊 3 条。前翅深褐色，后缘色稍浅，前缘外方 1/3 处有三角形大透明斑，其内下方有一近圆形透明斑，此斑的内方还有一黑褐色圆形小斑；外缘有一大一小两个不规则形的透明斑，后斑较小，斑纹常散成多个；沿外缘还有一列很小的透明小斑点；翅面上散布有白色蜡粉。后翅黑褐色半透明，脉纹近黑色，前缘基部色稍浅。

缘纹广翅蜡蝉成虫侧面

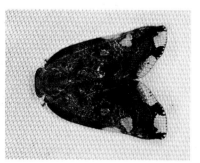

缘纹广翅蜡蝉成虫背面

蜡蝉科 Fulgoridae

斑衣蜡蝉 *Lycorma delicatula* White

雄虫体长 14~17mm；雌虫体长 18~22mm。体隆起。头部小，头顶前方与额相连接处呈锐角。触角在复眼下方，鲜红色；歪锥状，柄节短圆柱形，梗节膨大成卵形，鞭节极细小，长仅为梗节 1/2。前翅长卵形，基部 2/3 淡褐色，布有 10~20 余个黑色淡点，各个体间变化大；端部 1/3 黑色，脉纹白色；后翅膜质，扇状，基部一半红色，有黑色斑点 6~7 个，翅中有倒三角形的白色区，翅端及脉纹为黑色。

斑衣蜡蝉成虫　　　　　斑衣蜡蝉大龄若虫　　　　斑衣蜡蝉低龄若虫　　　　斑衣蜡蝉卵

象蜡蝉科 Dictyopharidae

月纹象蜡蝉 *Orthopagus lunulifer* (Uhler)

体长 7~9mm。体黄褐色，具黑褐色斑点，有时浅色，仅头部具黑色斑纹。中胸背板具 3 条纵脊，小盾片端部白色。翅透明，翅痣处具三角形黑斑，翅外缘大部至臀角黑色；翅脉褐色，端半部具很多白色脉纹。前、中足胫节具黑褐色环斑，后足胫节在刺的着生处旁生黑斑。

月纹象蜡蝉成虫侧面　　　　　　　　　月纹象蜡蝉成虫背面

伯瑞象蜡蝉 *Raivuna patruelis* (Stål)

体长 8~11mm。体绿色。头明显向前突出，略呈长圆柱形，前端稍狭；顶长约等于前中胸长度之和，侧缘全长脊起，此脊线与基部的中脊绿色，中央有两条橙色纵条，到端部消失；复眼淡褐色；额狭长，侧缘与中央的脊线绿色，其间有 2 条橙色的纵条。前胸背板和中胸背板各有 5 条绿色脊线和 4 条橙色的条纹。腹部背面有很多间断的暗色带纹及白色小点，侧区绿色。翅透明，脉纹淡黄色或浓绿色，前翅端部脉纹与翅痣多为褐色，后翅端部脉纹多深褐色。胸部腹面黄绿色，侧面有橙色条纹。足黄绿色，有暗黄色和黑褐色的纵条纹；各足胫节有 5 个侧刺。

伯瑞象蜡蝉成虫

袖蜡蝉科 Derbidae

黑带寡室袖蜡蝉 *Vekunta nigrolineata* Muir

体长 3.7mm。体背及翅均被白色蜡粉，头胸部淡橙黄色，小盾片两侧具褐色纵纹，喙端部黑色，胸侧面具 1 个黑点；前翅及翅脉白色，前翅前缘、后缘及翅端黑褐色。

黑带寡室袖蜡蝉成虫

飞虱科 Delphacidae

灰飞虱 *Laodelphax striatellus* (Fallén)

长翅型体长雌虫 4.0~4.2mm，雄虫 3.5~3.8mm；短翅型雌虫体长 2.4~2.8mm，雄虫 2.1~2.3mm。雌虫体色土黄或淡黄褐色，雄虫黑褐色。头顶较宽、淡黄色，矩形或方形，略突出于复眼。长翅型：雌虫小盾片淡黄或土黄色，两侧各有一个新月形褐色或黑褐色的条斑，雄虫小盾片全黑色，也有个别虫体小盾片中央有 1 条细长的淡色纵带。短翅型：雌虫小盾片中域呈污黄色，两侧各具 1 个褐色斑纹。额似花瓶状。不论翅型、性别其颜面均有 2 条深色纵沟。长翅型为黑色，短翅型为灰色或灰褐色。长翅型雌虫颊靠颜面处有黑色带纹，雄虫之颊全部黑色，颊靠颜面处有褐色带纹。

灰飞虱雌成虫

灰飞虱雄成虫

芦苇长突飞虱 *Stenocranus matsumurai* Metcalf

雄虫体长 3mm，雌虫 3.8mm。体污黄褐色，有的个体体背带灰黄色或红褐色。头顶端半中侧脊和侧脊间黑褐色；额中脊基部两侧、颊沿斜脊和额侧脊及各胸足腿节和胫节上具黑褐色线形条纹；触角基部腹面及第 2 节基部有黑褐色斑。中胸侧脊两侧具黑褐色条纹，其内侧条纹仅基半部存在，端半部消失。中胸背板中脊两侧另具橘红色条纹；后胸侧板黑褐色。前翅具灰黄微褐晕，脉暗褐尤以端区脉纹更为明显，各端脉顶端具暗褐色斑点，翅斑黑褐色，腹部背面黑褐色。

芦苇长突飞虱成虫

胸喙亚目 Sternorrhyncha

木虱科 Psyllidae

中国梨喀木虱 *Cacopsylla chinensis* (Yang et Li)

体长 (达翅端)2.8~3.2mm。体黄色至黄绿色；冬型成虫深褐色，胸背具黑褐色斑带。触角黄色至黄褐色，第 4~8 节端部褐色至深褐色，第 9、10 节黑色。前翅污黄色。翅痣长；Rs 伸达翅端；M 分叉较短，约为 M 的 3/5；Cu1a 室近方形，宽度约与 Cu1 长度相等。后足胫节具基齿，端距 5 个，基跗节具 2 个爪状距。

中国梨喀木虱冬型成虫　　中国梨喀木虱冬型若虫　　　　中国梨喀木虱夏型成虫　　　　中国梨喀木虱夏型若虫

槐豆木虱 *Cyamophila willieti* (Wu)

体长 (达翅端)3.9~4.5mm，粗壮。体绿色至黄绿色；冬型成虫深褐色至黑褐色，胸背具黑色条斑。触角基 2 节绿色；鞭节褐色；第 4~6 节端部，第 7 节大部分及第 8~10 节黑色。前胸背板长方形，侧缝伸至背板侧缘中央。前翅透明，脉黄绿色至黄褐色，外缘至后缘有 6 个黑色缘斑；翅痣长，三角形。足跗节 2 节，后足胫节具基齿，端距 5 个，基跗节具 2 个爪状距，后基突锥状。

槐豆木虱夏型成虫背面　　　　槐豆木虱夏型成虫侧面　　　　　槐豆木虱夏型若虫

桑异脉木虱 *Anomoneura mori* Schwarz

成虫：体长 4.2~4.7mm，黄至黄绿色。头绿色至褐色，中缝两侧凹陷，橘黄色；触角褐色，第 4~8 节端及 9~10 节黑色。前胸两侧凹陷，褐色；中胸前盾片绿色，前缘有褐斑 1 对。前翅半透明，有咖啡色斑纹，外缘及中部组成两纵带。

若虫：体浅橄榄绿色，尾部有白色蜡质长毛 4 束。

桑异脉木虱成虫背面　　　桑异脉木虱成虫侧面　　　桑异脉木虱若虫　　　桑异脉木虱为害状

蚧总科 Coccoidea

绵蚧科 Monophlebidae

草履蚧 *Drosicha corpulenta* (Kuwana)

雌成虫：体长约 10mm，体宽 5~5.5mm。体长椭圆形，上下扁，背面多皱。体背面红褐色，体缘、腹面橘黄色，触角、足黑色，体表面附有 1 层极薄的白色蜡粉。体节明显，胸部背面 3 节，腹部背面一般为 8 节。肛门口位于腹部末端背面，有毛簇包围。

雄成虫：体长 4~5mm。头部、胸部黑色，腹部紫红色。头部有大的复眼 2 个。触角 10 节，第 3~9 节各节均有两处收窄而形成三段较膨大的部分，其上轮生刚毛。前翅黑色，翅脉简单，脉间密布横向细波纹。腹部各节侧缘生有毛簇，末端有 4 个肉质树枝状突起。交配器长、大，中间管状，末段似狗尾巴。

草履蚧成虫　　　　　　　　　　草履蚧雄虫

粉蚧科 Pseudococcidae

康氏粉蚧 *Pseudococcus comstocki*（Kuwana）

雌成虫：体长约2.5mm。体长椭圆形，背面纵向略隆起。体表覆盖一层较厚的白色蜡粉。体缘共有17对白色蜡角，前16对较粗短，末对细长且约等于体长的1/3~1/2。触角7~8节，以第2、3节及端节较长。足发达，后足基节具很多小的明孔。肛门位于体末，肛环有2列孔纹，肛环毛6条。前、后背裂均发达。臀瓣发达，臀瓣毛略粗长于肛环毛。

康氏粉蚧雌成虫　　　　　　　　　　康氏粉蚧卵

毡蚧科 Eriococcidae

柿树白毡蚧 *Asiacornococcus kaki*（Kuwana）

雌成虫：体被草履状伪介壳，正面隆起，头端椭圆形，腹末内陷呈钳状，暗白色。体长约3mm，宽约2mm，由绒状蜡毛织成，表面存在穿出壳层的较为粗长的蜡毛。未产卵的雌成虫椭圆形，上下稍扁平，腹节明显，较伪介壳略小，胭脂红色。触角4节，端节上生有长刚毛。

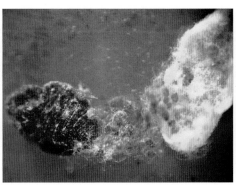

柿树白毡蚧雌伪介壳　　　　柿树白毡蚧雌成虫和卵　　　　柿树白毡蚧为害果实

紫薇绒蚧 *Eriococcus lagerstroemiae* Kuwana

雌成虫：体被卵圆形伪介壳，背面纵向略隆起，末端背面圆形，雌虫体的肛门、生殖孔位于该处，由此外伸出 1 条长约 0.5mm 末端分叉状的白色蜡质肛筒；伪介壳由暗白色毡绒状蜡毛织成，表面存在穿出壳层的较为粗长的蜡毛。壳下虫体淡棕红色，头端略宽而钝圆，体背隆起，遍生微细短刚毛；体节清楚，体长约 2.5mm，体宽 1.5~1.6mm。

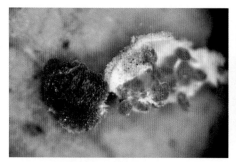

紫薇绒蚧雌成虫和卵　　　　　　紫薇绒蚧雌伪介壳　　　　　　紫薇绒蚧为害状

蚧科 Coccidae

朝鲜球坚蚧 *Didesmococcus koreanus* Borchsenius

雌虫：体长约 4.5mm，宽约 3.8mm。雌成虫在交尾前体灰褐而有黑斑；交尾后膨大成球形，变亮黑色，后面垂直，前面和侧面下部凹入，有 4 条白蜡带。

雄虫：介壳长扁圆形，长 1.8mm，宽 1mm，蜡质表面光滑，赤褐色，腹部末端外生殖器两侧各有 1 条白色蜡质长毛。

朝鲜球坚蚧雌虫

朝鲜球坚蚧雄虫　　　　　　　　朝鲜球坚蚧雄介壳

苹果球蚧 *Rhodoccus sariuoni* Borchs

又名西府球蜡蚧。

雌成虫：体长 4.5~7mm，宽 4.2~4.8mm。产卵前体呈卵圆形，背部突起，从前向后倾斜，多为赭红色，后半部有 4 纵列凹点，产卵后体呈球形褐色，表皮硬化而光亮，虫体略向前高突，向两侧亦突出，后半部略平斜，凹点亦存，色暗。

雄成虫：体长 2mm，翅展 5.5mm。体淡棕红色，中胸盾片黑色，触角丝状 10 节，眼黑褐色，前翅发达，乳白色半透明。腹末性刺针状，基部两侧各具 1 条白色细长蜡丝。

苹果球蚧雌成虫　　　　　　　　　　　　苹果球蚧雌成虫羽化初期

日本龟蜡蚧 *Ceroplastes japonicus* Green

雌成虫：外形近球形，体背具一层较厚的白色湿蜡被。初期成虫背面作盔形隆起，周缘低平，背中央有椭圆形干蜡；湿蜡被形成有规则的 9 块龟背样格区，每格区的近边缘处有白色小角状蜡丝突，共 17 个。中、后期成虫湿蜡被表面分格已不明显并变薄，周缘的蜡丝突形成 9 个小隆起，蜡被体长 1.5~5.0mm。蜡被下虫体体壁稍硬化；褐色；略小于湿蜡被。

雄性伪介壳：即雄性 2 龄若虫体表面的蜡壳。长约 2mm，宽约 0.9mm。长椭圆形，背中央为隆起的干蜡；周缘共有 13 个白色小角状蜡质突起。

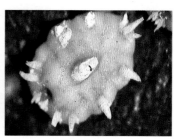

日本龟蜡蚧　　　　　　　日本龟蜡蚧雄介壳　　　　　　日本龟蜡蚧雌虫

角蜡蚧 *Ceroplastes ceriferus* (Fabricius)

角蜡蚧雌虫

雌成虫：体长 3.0~12.0mm。成长后外形近大半球形，体背具一层厚厚的白色湿蜡被，其背面隆起但不平滑，典型的为前上方有 1 个突出的角伸向体前方倾斜，新鲜的角常呈粉白色，顶部为干蜡。蜡被下虫体，体壁稍硬化，暗红褐色，略小于湿蜡被。肛门突起向体后上方伸长。

雄虫尚未发现。

东方胎球蚧 *Parthenolecanium orientalis* Borchsenius

东方胎球蚧雌虫

又名：扁平球坚蚧。

雌成虫：体长 3.5~6.0mm。体背体壁膨大成半正椭圆形且硬化，红褐色。体背中央有 4 列纵排断续的凹陷，中央 2 排较大，外侧 2 排较小，凹陷内外行间形成 5 条隆脊。体背周缘有横列的皱褶，较规则。

雄性尚未发现。

柿树真棉蚧 *Eupulvinaria peregrina* Borchsenius

柿树真棉蚧雌成虫和卵囊

雌成虫：体长约 5mm，宽约 4mm。体背体壁膨大成半正椭圆形且硬化，棕褐色。虫体下后方垫拖着白色蜡质絮状卵囊，卵囊长 5~8mm，与虫体同宽，表面常出现数条纵脊；卵囊短时，纵脊则不明显。

雄性尚未发现。

白蜡蚧 *Ericerus pela* Chavannes

雌成虫：成熟后体长 10~14mm。球形，背面淡红褐色，腹面黄绿色。

雄虫：体长 2mm，翅一对，翅展 5mm。腹部灰褐色，末端有 2 根白色蜡丝，长达 2mm 以上。

白蜡蚧　　　　　　　　白蜡蚧为害小叶黄杨　　　　　　初羽化白蜡蚧成虫

盾蚧科 Diaspididae

桑白盾蚧 *Pseudaulacaspis pentagona* (Targioni-Tozzetti)

又名桃白蚧。

雌成虫：介壳圆形或近圆形，略隆起。白色或污白色。直径 2.0~2.5mm。第 1 壳点橘黄色，位于介壳正面中央偏旁，常十分明显突出；第 2 壳点一般不外露，但其表面的蜡层常常极薄，透出蜕的颜色。虫体心脏形，上下扁平。淡黄色或橘红色，臀板区深褐色。体长约 1.0mm。

雄性介壳：洁白色，扁筒状，形似鸭嘴。壳点橘黄色，位于介壳正面头端。整体长 1.30mm。

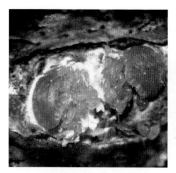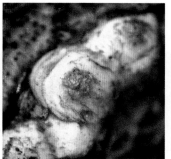

桑白盾蚧成虫与卵　　　　桑白盾蚧雌介壳　　　　桑白盾蚧雌介壳　　桑白盾蚧雄介壳
　　　　　　　　　　　　　　　　　　　　　　　与小若虫

链蚧科 Asterolecaniidae

栗新链蚧 *Neoasterodiaspis castaneae* (Russell)

雌成虫：角质壳卵圆形或近圆形，后部平坦略变狭窄，半透明，黄绿色，有光泽；背面稍隆起至高度隆起，有或无纵、横脊纹；腹面较平坦，缘蜡丝灰白色，体末的稍短。壳下虫体，长 0.7~0.9mm，宽 0.5~0.7mm。体壁膜质柔软，体末略突出。

雄虫尚未发现。

栗新链蚧

粉虱总科 Aleyrodidea

粉虱科 Aleyrodidae

温室白粉虱 *Trialeurodes vaporariorum* (Westwood)

成虫体长 1~1.5mm。体淡黄色。翅面覆盖白蜡粉，停息时双翅在体上合成屋脊状，翅端半圆状遮住整个腹部，前翅脉 1 条不分叉，沿翅外缘有 1 排小颗粒。

温室白粉虱成虫　　　温室白粉虱卵　　　温室白粉虱若虫　　　温室白粉虱蛹

烟粉虱 *Bemisia tabaci* (Gennadius)

成虫体长 0.85~0.91mm，比温室白粉虱小。体淡黄白色，翅 2 对，白色，被蜡粉无斑点，静止时左右翅合拢呈屋脊状，脊背有 1 条明显的缝，可以见到黄色的胸腹背面。

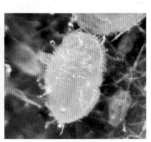

烟粉虱成虫　　　　　　烟粉虱卵　　　　　　烟粉虱若虫

蚜总科 Aphidoidea

瘿绵蚜科 Pemphigidae

苹果绵蚜 *Eriosoma lanigerum* (Hausmann)

无翅孤雌蚜：体长 1.8~2.2mm，宽 1.0~1.2mm。体赤褐色，无斑纹。体背蜡片呈花瓣状，由 5~15 个蜡孔组成，被有白蜡毛。触角 6 节。腹管半环状，尾片有短毛 2 根。

有翅孤雌蚜：体长 1.7~2.0mm，翅展 5.5mm。体暗褐色，头胸部黑色。体被白色蜡毛，较无翅孤雌蚜少。触角第 3 节有环状次生感觉孔 17~18 个。前翅中脉有一分支。腹管环形，周围有短毛 11~15 根。

苹果绵蚜为害状　　　　　　苹果绵蚜无翅蚜

苹果根绵蚜 *Prociphilus crataegicola* Shinji

又名山楂卷叶绵蚜。

有翅孤雌蚜：体长 2.4mm，宽 1.1mm。体黄绿色。前胸及腹部分别有条纹，胸部各节有 1 对蜡片。体被蜡毛。触角 6 节，第 3 节有感觉孔 25~32 个。前翅中脉不分叉。无腹管。尾片毛 2 根。

苹果根绵蚜为害状

苹果根绵蚜无翅蚜　　　　　苹果根绵蚜无翅蚜　　　　　苹果根绵蚜有翅蚜

盛冈绵蚜 *Eriosoma moriokense* Akimoto

无翅孤雌蚜：体长卵形，长 1.42mm，宽 0.68mm。体灰褐色，被白色蜡丝。头、胸部黑色，触角、足、腹管黑色。尾片色淡，宽舌形，长为基部宽度的 0.59 倍，有毛 2 根。尾板末端圆形，有短毛 12~14 根。

 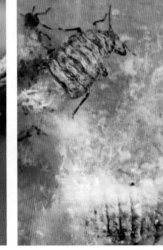

盛冈绵蚜为害状　　　　　　　　　　　　盛冈绵蚜无翅蚜

女贞卷叶绵蚜 *Prociphilus ligustrifoliae* (Tseng et Tao)

有翅孤雌蚜：体椭圆形，长 3.4mm，宽 1.3mm。头胸黑褐色至黑色，腹部蓝灰黑色，无斑纹。触角、喙、足、尾片，尾板黑色至灰黑色。额瘤不显。触角粗大，光滑。足粗大，足基节、转节及腿节均有明显透明卵形构造，胫节显皱纹。前翅纵脉 4 支，镶窄黑边。无腹管，尾片半圆形，有短毛 10~12 根。尾板末端圆形，有毛多根。

女贞卷叶绵蚜为害状　　　　女贞卷叶绵蚜无翅蚜　　　　女贞卷叶绵蚜有翅蚜

秋四脉绵蚜 *Tetraneura akinire* Sasaki

无翅孤雌蚜：体长 2.3mm，宽 1.3mm。体淡黄色，被蜡粉。第 7、8 腹节各有 1 条横带，体表光滑有毛。触角 5 节。腹管短截形。尾片小，有毛 4~6 根。

有翅孤雌蚜：体长约 2mm，宽 0.9mm。头胸及附肢黑色；腹部绿色，有横带。触角 6 节，第 3 节有感觉圈 9~14 个。前翅中脉不分叉，脉粗有晕。后翅斜脉 1 条。腹管退化。尾片毛 2~4 根。

秋四脉绵蚜为害状　　　秋四脉绵蚜无翅蚜　　　秋四脉绵蚜有翅蚜侧面　　　秋四脉绵蚜
　　　　　　　　　　　　　　　　　　　　　　　　　　　　　　　　　　有翅蚜背面

群蚜科 Thelaxidae

枫杨刻蚜 *Kurisakia onigurumi* (Shinji)

无翅孤雌蚜：体长卵形，长 2.1mm，宽 1.0mm。活时体浅绿色，胸腹部有 2 条淡色纵带向外分射深绿横带。

有翅孤雌蚜：体长椭圆形，长 2.3mm，宽 0.82mm。活时头、胸黑色，前胸稍淡，有 1 对黑斑，腹部绿色有黑斑，缘斑外突，腹部前及后部绿褐色。前胸前部中断带横贯全节，后部中央淡色，侧斑近方形，缘瘤黑色。腹部淡色，第 1~4 节各有 1 对中斑，第 5~6 节各中斑呈宽横带，第 5 节有小侧斑，第 7 节一窄横带，第 8 节一窄带横贯全节，第 1~7 节各有小缘斑。触角、腹管黑色，足及尾片灰黑色。

  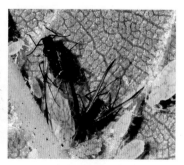

枫杨刻蚜为害状　　　　　　枫杨刻蚜无翅蚜　　　　　　枫杨刻蚜有翅蚜

麻栎刻蚜 *Kurisakia querciphila* Takahashi

无翅孤雌蚜：体椭圆形，长 1.9mm，宽 1.0mm。活时体浅绿色，腹部背面有纵横翠绿色带纹。

有翅孤雌蚜：体长椭圆形，长 2.5mm，宽 0.85mm。活时头、胸黑色，前胸稍淡，有 1 对明显黑斑，腹部淡色，有黑斑及翠绿色带纹。前胸前部中断横带横贯全节，后部中央淡，侧斑长方形，缘瘤黑色。腹部淡色，第 1~5 节各中斑分离或愈合成一块，第 6~7 节各中斑呈横带，第 8 节窄带横贯全节，第 1~7 节各有小缘斑，第 5 节有小圆形侧斑。触角、腹管及尾片黑色，足腿节、胫节端部及跗节灰黑色。

麻栎刻蚜干母　　　麻栎刻蚜为害状　　　麻栎刻蚜无翅蚜　　　麻栎刻蚜有翅蚜

毛管蚜科 Greenideidae

杭黑毛管蚜 *Greenidea hangnigra* Zhang

无翅孤雌蚜：体长 3.5mm，宽 1.9mm，梨形。活时头、腹背深褐色，胸部黑褐色，有光泽。腹部第 1~7 节中、侧、缘斑愈合为一大骨化黑褐斑，缘片与侧片之间一淡色纵裂纹，第 1 节有横带，第 8 节淡色。腹管、足基节、转节、腿节及胫节基部和端部、跗节、尾板及生殖板黑褐色，其他淡褐色。

有翅孤雌蚜：体长 3.5mm，宽 1.5mm。头、胸部黑色，腹部褐色，有黑斑，附肢黑褐色至黑色。有翅蚜极少见。

 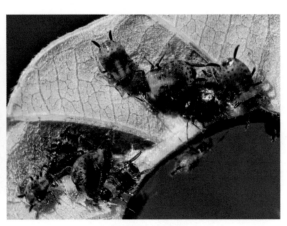

杭黑毛管蚜为害状　　　杭黑毛管蚜无翅蚜

斑蚜科 Drepanosiphidae

缘瘤栗斑蚜 *Tuberculatus* (*Nippocallis*) *margituberculatus* (Zhang and Zhong)

有翅孤雌蚜：体长 1.9mm，宽约 1mm。体黄色或黄绿色，稍被白粉。头部背面前方有 3 对毛瘤，腹部第 1 节有 2 对背中瘤，第 2~7 节各有 1 对。第 8 腹节背面有 1 条横带，并有毛瘤 3 对。第 2、3 腹节背面各有 1 对锥状侧瘤；第 2~6 腹节零星分散小型毛瘤。腹部前 7 节各有 1 对缘瘤，均呈指状，其中第 3、4 对最粗长。翅有深色斑纹，翅痣淡色，翅痣和径分脉基部的斑呈"C"形，径分脉端部 2/3 不显，各脉镶黑边。静止时翅翘起，与叶面呈 60°角。足腿节淡色。腹管短截形。尾片瘤状，长为腹管的1.3 倍，有毛 10~12 根。

缘瘤栗斑蚜为害状

缘瘤栗斑蚜无翅蚜

缘瘤栗斑蚜有翅蚜（示缘瘤）

缘瘤栗斑蚜有翅蚜

栗斑蚜 *Tuberculatus* (*Nippocallis*) *castanocallis* (Zhang and Zhong)

无翅孤雌蚜：体长 1.4~1.5mm，略呈长三角形。体暗绿色至淡赤褐色，被白色粉状物，胸背及腹背中央及两侧有黑色及褐色斑点。触角淡黄色，第二、第二节黑褐色。足淡黄色。

有翅孤雌蚜：体长约 1.5mm，翅展 5~6mm。体暗绿色至赤褐色，被白色绵状物，头部、触角及足略带淡黄色，复眼红褐色，腹部扁平，背面中央和两侧有黑色纹，沿翅脉呈淡黑色带状斑纹，故名斑翅蚜。翅痣褐色，足腿节端半部褐色。

栗斑蚜为害状

栗斑蚜无翅蚜

栗斑蚜有翅蚜

粉栗斑蚜 Tuberculatus (Nippocallis) cereus (Zhang and Zhong)

有翅孤雌蚜：体长 1.9mm，宽 0.9mm。体红褐色，被白色蜡粉。头部背面有毛瘤 3~4 对，腹部前 3 节各有 1 对大型馒头状背中瘤；第 2~7 腹节各有 1 对缘瘤，其中第 4 对呈长指状，各瘤顶端有小毛瘤 4~6 个。触角 6 节，第 3 节有次生感觉孔 6~9 个。翅脉镶宽黑边，R 脉较弱；静止时翅上翘，与叶面呈 60° 角。腹管短截状。尾片瘤状，有毛 15~17 根。

粉栗斑蚜为害状

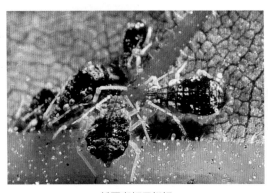

粉栗斑蚜无翅蚜

粉栗斑蚜有翅蚜

紫薇长斑蚜 Tinocallis kahawaluokalani (Kirkaldy)

无翅孤雌蚜：体乳黄色，触角长为体长的 1/2 。后足胫节膨大。

有翅孤雌蚜：体长约 2mm，宽 1mm。体黄色，体背有黑色斑纹。触角 6 节，长为体长的 0.65 倍。腹部前 8 节各有背中瘤 1 对；前 5 节并有缘瘤，每瘤均着生 1 根粗短毛。翅脉镶黑边，前翅径分脉中部不显。腹管短筒状。尾片瘤状，有毛 8~10 根。

紫薇长斑蚜为害状

紫薇长斑蚜无翅蚜

紫薇长斑蚜有翅蚜

榆长斑蚜 *Tinocallis saltans* (Nevsky)

有翅孤雌蚜：体长约 2mm，金黄色，有明显黑斑。头部无背瘤，体背有明显黑色或淡色瘤，前胸背板有淡色中瘤 2 对，中胸和第 1~8 腹节各有中瘤 1 对，中胸中瘤大于触角第 2 节。第 1~5 腹节有缘瘤，每瘤生刚毛 1 根。触角 6 节，第 3 节有长卵形次生感觉孔 9~15 个。翅脉正常，有深色晕。腹管短筒形，无缘突。尾片瘤状，毛 9~13 根。

榆长斑蚜有翅蚜背面（示背瘤）

榆长斑蚜有翅蚜

榆长斑蚜有翅蚜侧面

榆叶长斑蚜 *Tinocallis ulmiparvifoliae* Matsumura

有翅孤雌蚜：体纺锤形，长 1.79mm，宽 0.77mm。体绿色，有翠绿色斑，胸部土黄色。触角第 3~6 节各节端部黑色，腹管、尾片、尾板及生殖板淡色。体有明显长锥形背中瘤和缘瘤，节间斑淡色。前胸明显有 1 对中毛瘤。腹部第 1 节中毛瘤 2 对，第 2~4 节各 1 对小型中毛瘤。沿翅脉镶黑边，径分脉不显。腹管截短筒形，光滑，无缘突及切迹。尾片瘤状，有微刺突构成网瓦纹，有长短刚毛 16~26 根。尾板分裂为 2 片，有毛 18~31 根。

榆叶长斑蚜无翅若蚜

榆叶长斑蚜有翅蚜

竹纵斑蚜 *Takecallis arundinariae* (Essig)

竹纵斑蚜为害状

有翅孤雌蚜：体长卵形，长2.3mm，宽0.92mm。体淡黄色或灰黄色，体背被薄粉，触角全节分泌短蜡丝，头、胸背有纵褐色斑，腹部有纵斑。前胸、中胸、小盾片有背中带，中胸侧域各一纵带，前缘域有2小斑；腹部第1~7背片各有1对纵斑，每对呈倒"八"字形，第8节者聚为一小圆突斑；第1~7节各有淡色缘瘤，位于气门背向。足胫节及跗节灰褐色，其余淡色。腹管、尾板淡色，尾片黑褐色。

竹纵斑蚜无翅蚜

竹纵斑蚜有翅蚜背面

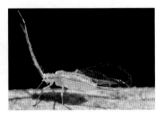

竹纵斑蚜有翅蚜侧面

榆华毛蚜 *Sinochaitophorus maoi* Takahashi

无翅孤雌蚜：体长约1.5mm，宽0.8mm。体黑色，体背中部淡绿色，附肢色浅。体背部长毛分叉。前胸和第1、7腹节有缘瘤。腹管短筒形，长为尾片的1/3。尾片瘤状，有长曲毛8~10根。

有翅孤雌蚜：体长1.6mm，宽0.7mm。体黑色，体毛长而尖。触角第3节有次生感觉孔9~12个。翅灰黑色，翅脉正常，有黑色镶边，各脉间有透明斑块。腹管短筒形。尾片瘤状，有长毛5~7根。有翅蚜少见。

榆华毛蚜无翅蚜

朴绵叶蚜 *Shivaphis celti* Das

无翅孤雌蚜：体长 2.3mm，宽 1.1mm。体灰绿色，秋季有些个体带粉红色，体表有蜡粉和蜡丝。触角 6 节，长为体长的 1/2，第 3 节有毛 9~10 根，次生感觉孔 2 个。腹管环状隆起，极短。尾片瘤状，有 8 根长毛和多根短毛。

有翅孤雌蚜：体长 2.2mm，宽 0.9mm。体黄色至淡绿色，头、胸部褐色，腹部有斑纹，体表被有蜡粉和蜡丝。触角第 3 节有次生感觉孔 8~13 个。翅脉正常，各脉褐色并镶宽而深色的边。腹管环状稍隆起。尾片瘤状，有毛 8~11 根。

朴绵叶蚜为害状

朴绵叶蚜无翅蚜

朴绵叶蚜有翅蚜

大蚜科 Lachnidae

栗大蚜 *Lachnus tropicalis* (van der Goot)

无翅孤雌蚜：体长 3~4.5mm，宽 1.8mm 左右。体黑褐色至黑色，略有光泽。足细长。触角 6 节，长为体长的 1/2。腹管短截形，周围有毛 14~16 根。尾片半圆形，有毛 24~35 根。

有翅孤雌蚜：体长约 4mm，宽 2mm，翅展 13mm。头、胸部黑色，腹部深绿色。触角第 3 节有次生感觉孔 9~21 个。翅黑色，近端部有几块透明斑纹。前翅中脉 3 叉（个别 4 叉），后翅斜脉 2 条。尾片毛 44~72 根。

栗大蚜交配

栗大蚜卵

栗大蚜无翅蚜

柳瘤大蚜 *Tuberolachnus salignus* (Gmelin)

柳瘤大蚜无翅蚜

无翅孤雌蚜：体长约 4.8mm，宽 3mm。体黑灰色，密被细毛，复眼黑褐色。触角黑色。第 5~6 腹节背面中央有 1 个大型瘤突。腹管短截形，位于多毛的圆锥体上。尾片新月形，有毛 33~52 根。

有翅孤雌蚜：体长约 4.0mm，宽 2.0mm。头和胸部色深，腹部色较浅。触角第 3 节有次生感觉孔 14~17 个。翅透明，翅脉正常，翅痣狭长。

毛蚜科 Chaitophoridae

白杨毛蚜 *Chaitophorus populeti* (Panzer)

又名朝鲜毛蚜。

无翅孤雌蚜：体长 2.2mm，宽 1.3mm。体绿色，体背面有墨绿色斑纹。体被淡色长毛，并杂有锯状毛。触角 6 节。后足胫节有伪感觉孔。腹管短截形，有网状纹。尾片瘤状，长于腹管，有毛 7~10 根。

有翅孤雌蚜：体长 2.3mm，宽 1mm。头和胸部黑色，腹部深绿或绿色，背面有黑斑。体毛粗长而尖锐。触角 6 节，第 3 节有次生感觉孔 19~26 个。翅脉正常，翅痣色深。

主要在幼嫩枝条上生活。

白杨毛蚜为害状

白杨毛蚜无翅蚜

白杨毛蚜无翅蚜和有翅蚜

白毛蚜 *Chaitophorus populialbae* (Boyer de Fonscolombe)

又名杨白毛蚜。

无翅孤雌蚜：体长 1.9mm，宽 1.1mm。体白色至淡绿色。胸部背面有绿色至深绿色斑 2 个，腹部背面亦有 5 个。体密生刚毛。触角 6 节，为体长之半。腹管短截状，与尾片等长，生有网状纹。尾片瘤状，有毛 8~11 根。

有翅孤雌蚜：体长 1.9mm，宽 0.9mm。体浅绿色，有黑斑。体毛尖锐。触角 6 节，近体长之半，第 3 节有次生感觉孔 10~12 个。翅脉正常。

主要在叶片背面生活。

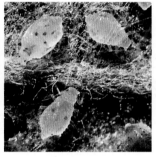

| 白毛蚜为害状 | 白毛蚜无翅蚜 | 白毛蚜有翅蚜和若蚜 |

柳黑毛蚜 *Chaitophorus salinigri* Shinji

无翅孤雌蚜：体椭圆形，长 1.0mm，宽 0.8mm。体黑色，附肢色浅。部分背毛端部分叉。触角长为体长的 1/2，6 节。腹管短截形，有网状纹。尾片瘤状，长于腹管，有毛 6~7 根。

有翅孤雌蚜：体长 1.5mm，宽 0.63mm。腹部背面有大斑，附肢色浅。体毛尖锐。触角 6 节，第 3 节有次生感觉孔 5~7 个。翅脉正常。腹管短截形，端半部有网状纹。尾片瘤状，有毛 7~8 根。

| 柳黑毛蚜为害状 | 柳黑毛蚜无翅蚜 | 柳黑毛蚜有翅蚜 |

栾多态毛蚜 *Periphyllus koelreuteriae* (Takahashi)

无翅孤雌蚜：体长 3mm，宽 1.6mm。体黄绿色或淡绿褐色，背面有"品"字形深褐色斑纹。体背多毛。触角 6 节。腹管短筒状，长于尾片，端部有网状纹。尾片宽短，有毛 13~17 根。

有翅孤雌蚜：体长 3.3mm，宽 1.3mm。头和胸部黑色，腹部色浅，腹部前 8 节各有 1 条黑色横带。触角第 3 节有次生感觉孔 33~46 个。腹管全管有网状纹。尾片毛 17~19 根。翅脉正常。

栾多态毛蚜为害状

栾多态毛蚜无翅蚜

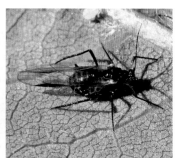

栾多态毛蚜有翅蚜

京枫多态毛蚜 *Periphyllus diacerivorus* Zhang

无翅孤雌蚜：体长 1.7mm，宽 0.9mm。体绿褐色，有黑色斑纹。触角 6 节。腹管短筒状，端部有网状纹。尾片半圆形，宽为长的 2 倍，长比腹管稍短，有毛 4~5 根。尾板端部平，呈元宝状，有毛 13~16 根。

京枫多态毛蚜干母

京枫多态毛蚜无翅蚜

京枫多态毛蚜有翅蚜背面

京枫多态毛蚜有翅蚜侧面

黑多态毛蚜 *Periphyllus testudinaceus* (Fernie)

无翅孤雌蚜：体椭圆形，长 2.53mm，宽 1.33mm。头部背面、复眼、喙端部暗褐色，触角、腹管、尾片、尾板褐色，其他部分淡色。胸部 3 节及腹部背片 1~7 节各有 1 对缘斑，1 对中斑；前、中胸中斑大。第 8 腹节背片有窄横带。腹管截断状，长为顶宽的 0.54 倍。尾片末端圆形，有毛 12 根。尾板宽圆形，中间浅裂，有毛 28 根。

  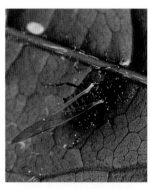 

| 黑多态毛蚜为害状 | 黑多态毛蚜无翅蚜 | 黑多态毛蚜有翅蚜背面 | 黑多态毛蚜有翅蚜侧面 |

蚜科 Aphididae

苜蓿无网蚜 *Acyrthosiphon kondoi* Shinji

无翅孤雌蚜：体长 3.68mm，宽 1.65mm。体绿色，无斑纹。触角第 1、3~5 节黑褐色。腹管绿色，顶端黑色。腹管长为尾片的 2.1 倍，有缘突。尾片长锥形，有毛 6~9 根。尾板半圆形，有毛 13~21 根。

有翅孤雌蚜：体长 3.05mm，宽 1.13mm。头、胸部褐色，前胸背板有一对黑褐色斑，腹部绿色。腹管长管状。尾片长锥状。

苜蓿无网蚜无翅蚜

日本忍冬圆尾蚜 *Amphicercidus japonicus* (Hori)

无翅孤雌蚜：体卵圆形，活体浅绿色，被白粉，无斑纹。触角1、2节淡褐色，3、4节淡色，4节端半部至5节黑色。足淡色，胫节端部及跗节黑色；腹管、尾片及尾板淡色。前胸、腹部1~6节各有透明馒头状缘瘤。

有翅孤雌蚜：体长3.2mm，宽1.4mm。头、胸部黑色，腹部绿色，有深色斑。触角第1~3节褐色。翅脉正常。腹管长筒形，无缘突。尾片半球状，有毛24~27根。尾板末端圆形，有毛32~38根。

日本忍冬圆尾蚜　　　　日本忍冬圆尾蚜　　　　日本忍冬圆尾蚜　　　日本忍冬圆尾蚜
　　成虫背面　　　　　　　成虫侧面　　　　　　　　若虫　　　　　　　为害状

绣线菊蚜 *Aphis spiraecola* Patch

无翅胎生雌蚜：体长约1.6mm，近纺锤形。体黄色、黄绿色或绿色。头部、复眼、口器、腹管和尾片均为黑色，口器长达中足基节窝，触角显著比体短，其基部淡黑色。腹管圆柱形，尾片指状，生有10根左右弯曲的毛。体两侧有明显的乳头状突起。

有翅胎生雌蚜：体长约1.5mm。头、胸部、口器、腹管和尾片均为黑色，复眼暗红色，口器可及后足的基节窝，触角较体短，第3节有圆形次生感觉孔6~10个。腹部黄绿色或绿色，两侧有黑斑，并具有明显的乳头状突起，翅透明。

绣线菊蚜为害状　　　　　绣线菊蚜无翅蚜　　　　　绣线菊蚜有翅蚜

豆蚜 *Aphis craccivora* Koch

又名：花生蚜、苜蓿蚜。洋槐蚜 *Aphis robiniae* Macchiati 为其异名。

无翅孤雌蚜：体长2mm，宽1.1mm。体黑色，有光泽。腹部第2~6节背面的中、侧斑和多数缘斑愈合为1块大黑斑，约占腹部背面的75%。前胸及第1、7腹节各有1对缘瘤。腹管黑色，长筒状，长为尾片的1.6倍。尾片舌状，有毛6根。

有翅孤雌蚜：体长2.1mm，宽0.92mm。体黑色，有光泽。触角第3节有次生感觉孔5~7个。

豆蚜为害状　　　　豆蚜无翅蚜　　　　豆蚜有翅蚜侧面　　　　豆蚜有翅蚜背面

槐蚜 *Aphis cytisorum* Hartig

国槐蚜 *Aphis sophoricola* Zhang 为其异名。

无翅孤雌蚜：体长2mm，宽1.2mm。体黑褐色，被薄层白蜡粉。背面第2~6节的中、侧、缘斑各不相愈合。腹管长筒状，长0.33mm。尾片舌状，中部稍收缩，有毛7根。

有翅孤雌蚜：体长2mm，宽0.9mm。体黑褐色，被白粉。触角第3节有次生感觉孔7~8个。翅脉正常。尾片毛7~8根。

该种与豆蚜十分相像，但该种腹管中部缢缩，而前者不缢缩，呈长锥状。

槐蚜为害状　　　　槐蚜无翅蚜（示尾片）　　　　槐蚜无翅蚜

棉蚜 *Aphis gossypii* Glover

无翅孤雌蚜：体长1.5~1.9mm，宽0.8~1mm。春秋体色深，随温度上升体色变浅，有蓝黑色、深绿色、棕色、黄绿色或黄色等色型；腹管、尾片和触角基部与端部呈灰黑色。触角6节。腹管长筒状，长为尾片的2.4倍。尾片舌状，近中部收缩，有毛4~7根。

有翅孤雌蚜：体长1.2~1.9mm，宽0.5~0.7mm。头、胸部黑色，腹部颜色淡。触角长约等于体宽，第3节有次生感觉孔4~10个。翅脉正常。腹管为尾片长的1.1倍。腹部两侧有3~4对黑斑。

棉蚜为害木槿　　　棉蚜无翅蚜黄色型　　　棉蚜无翅蚜深色型　　　棉蚜有翅蚜

酸模蚜 *Aphis rumicis* Linnaeus

无翅孤雌蚜：体长2.4mm，宽1.4mm。体黑色。前、中胸部有全节横带，后胸缘斑与中带分离，腹部第1~7各节有断续中带及缘斑。腹管长为尾片1.4倍，有瓦纹、缘突。尾片短锥状，末端钝，有长曲毛11~13根。尾板半圆，长短毛27~36根。

有翅孤雌蚜：体长1.9~2.0mm，宽1.2mm。头、胸部黑褐色；腹部淡色，有黑褐色斑，第1~8各节中侧斑呈横带，第1~7节各1大缘斑。腹管圆筒形，与尾片等长，有瓦纹，无缘突。尾片长瘤形，中部收缩，有长毛14根。尾板端半圆形，有毛20~21根。

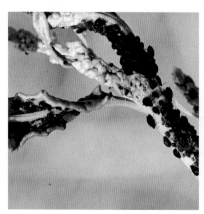  

酸模蚜为害状　　　　　酸模蚜无翅蚜　　　　　酸模蚜有翅蚜

菝葜蚜 *Aphis smilacifoliae* Takahashi

无翅孤雌蚜：体卵圆形，体长 2.2mm，宽 1.1mm。体深绿色，厚被白粉，无斑纹。触角除第 3 及第 4 节基半部淡色外，均黑色，足腿节端部 1/2、胫节端 1/8 及跗节黑色，腹管、尾片、尾板黑色。

有翅孤雌蚜：体椭圆形，体长 1.9mm，宽 0.77mm。活体绿色，头、胸黑色，厚被白粉。腹部淡色。

| 菝葜蚜为害状 | 菝葜蚜无翅蚜 | 菝葜蚜有翅蚜 |

桃粉大尾蚜 *Hyalopterus amygdali* (Blanchard)

无翅孤雌蚜：体狭长卵形，体长 2.3mm，宽 1.1mm。活体草绿色或浅褐色，被白粉。腹管短小，圆筒状，基部稍细。尾片较大，圆锥状，有毛 5~6 根。

有翅孤雌蚜：体长卵形，体长 2.2mm，宽 0.89mm。头、胸部黑色，腹部黄绿色或淡绿色，被有薄层白粉。触角第 3 节有次生感觉孔 18~26 个。翅脉正常。腹管基部收缩处有皱纹。尾片长是腹管的 1.2 倍，有毛 4~5 根。

桃粉大尾蚜为害状

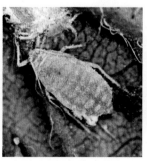

| 桃粉大尾蚜无翅蚜褐色型 | 桃粉大尾蚜无翅蚜普通型 | 桃粉大尾蚜有翅蚜和无翅蚜 |

印度修尾蚜 *Indomegoura indica* (van der Goot)

无翅孤雌蚜：体卵圆形，长3.9mm，宽1.6mm。体金黄色。触角褐色至深褐色，足、腹管、气门片、腹部斑纹黑褐色，尾片、尾板灰褐色。后胸之前光滑，后胸及腹部背面各节有瓦状纹；腹部第5、6节偶有缘斑，第8腹节有一横带。节间斑明显红褐色。

有翅孤雌蚜：体椭圆形，长3.4mm，宽1.6mm。头、胸褐色，腹部淡色，无斑纹，触角、足除腿节基部稍淡外全黑色，腹管黑色，尾片灰色。腹部第1~5节稍显缘斑，节间斑灰褐色。

印度修尾蚜为害状　　　　　印度修尾蚜无翅蚜

萝卜蚜 *Lipaphis erysimi* (Kaltenbach)

无翅孤雌蚜：体长1.8mm，宽1.3mm，卵圆形。全体灰绿色或黄绿色，稍覆白色蜡粉，两侧具黑斑。额瘤不显著。复眼赤褐色。体背各节中央有浓绿斑纹，并散生小黑点。腹管暗绿色，较短，圆筒形，具瓦纹，顶端收缩。尾片圆锥形，上有横纹，两侧各有刚毛2~3根。

有翅孤雌蚜：体长1.6~1.8mm。头、胸部黑色有光泽，其他部分黄绿色至绿色。触角第3节有感觉圈16~26个。

萝卜蚜为害状　　　　　　萝卜蚜无翅蚜　　　　　　　萝卜蚜有翅蚜

月季长尾蚜 *Longicaudus trirhodus* (Walker)

无翅孤雌蚜：体长 2.6mm，宽 1.2mm。体黄绿色、灰绿至黄色，触角端半部、喙端部及足端部黑褐色。触角 6 节。腹管短筒状，为尾片的 0.3 倍。尾片长圆锥状，中部收缩，有毛 14 根。

有翅孤雌蚜：体长 2mm，宽 0.83mm。头、胸部黑色，腹部绿色有黑斑。触角长 1.8mm，有次生感觉孔 54~88 个。翅脉正常。尾片有毛 9~14 根。

月季长尾蚜为害状　　　　　月季长尾蚜无翅蚜

月季长管蚜 *Macrosiphum rosivorum* Zhang

无翅孤雌蚜：体长 4.2mm，宽 1.8mm。体浅绿色，有时橘红色，稍显斑纹，触角和足色淡，各节间有黑色。额瘤外倾显著。前胸及腹部第 2~5 节各有缘瘤。触角 6 节。腹管长管状，黑色，端部具网状纹。尾片长圆锥状。

有翅孤雌蚜：体长 3.5mm，宽 1.3mm。体草绿色，中胸淡橘红色，触角、腹管黑褐色。触角为体长的 4/5。尾片毛 9~11 根。翅脉正常。

月季长管蚜无翅蚜

蔷薇长管蚜 *Macrosiphum rosae* (Linnaeus)

该种与月季长管蚜十分相似，区别在于：腹部第8背毛6根，前者为4~5根；触角第3节基部1/4有感觉孔15~35个，前者为6~12个；喙达后足，前者达中足基节；腹管端部1/10~1/8有网纹，前者为1/8~1/6处；尾片毛10~14根，前者7~9根。

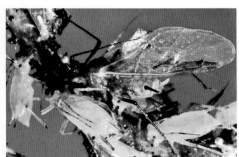

蔷薇长管蚜为害状　　　蔷薇长管蚜无翅蚜　　　　　蔷薇长管蚜有翅蚜

麦长管蚜 *Macrosiphum avenae* (Fabricius)

无翅孤雌蚜：体长3.1mm，宽1.4mm。体草绿色至橙红色，头部灰绿色，腹部两侧有不甚明显的灰绿色斑。触角、足腿节端部1/2、胫节端部及跗节、腹管黑色；尾片、尾板淡色。腹管长圆筒形，有缘突。尾片长圆锥形，近基部1/3处收缩，为腹管的1/2，有曲毛6~8根。

有翅孤雌蚜：体长3.0mm，宽1.2mm。头、胸部褐色，腹部草绿色，各节有断续褐色背斑，第1~4节各有圆形缘斑。触角第3节有次生感觉孔8~12个。腹管长圆筒状。尾片长圆锥状，有长毛8~9根。尾板毛10~17根。

麦长管蚜为害状　　　　　　　　　麦长管蚜无翅蚜

蒌蒿小长管蚜 *Macrosiphoniella similioblonga* Zhang

无翅孤雌蚜：体长 4.1mm，宽 1.4mm，长卵形。体浅绿色，无斑纹。触角第 3 节端部 2/3 至第 6 节、喙顶端、跗节黑色；足腿节端部 1/5、胫节端部 1/6、腹管、尾片及尾板淡褐色，腹管基部淡色。腹管为尾片长的 1.4 倍，长管状，基部大，中部渐细，端部渐粗，端部为中部 1.5 倍，端部 1/2 有网纹。尾片长圆锥形，有长毛 29~33 根。尾板末端圆形，有长毛 18~21 根。

蒌蒿小长管蚜为害状

蒌蒿小长管蚜无翅蚜背面

蒌蒿小长管蚜无翅蚜侧面

蒌蒿小长管蚜
有翅蚜背面

蒌蒿小长管蚜有翅蚜侧面

豌豆修尾蚜 *Megoura crassicauda* Mordvilko

无翅孤雌蚜：体长 0.7mm，宽 1.6mm，纺锤状。体草绿色，附肢黑色。头、前胸背面及腹面黑色；中胸至腹部淡色，有黑斑；中、后胸有缘斑，中胸有一中斑淡色；腹部第 5、6 节围绕腹管各有方形缘斑，第 7、8 节各有一横带。触角、喙、腹管、尾片、尾板及生殖板黑色；足除胫节基部及中部淡色外，其他各节黑色。

有翅孤雌蚜：体长 4.0mm，宽 1.7mm。头、胸黑色，腹部淡色，有黑色斑。腹部第 1 节缘斑小，第 2~4 节有大缘斑，腹管前后斑围绕腹管相融合。

豌豆修尾蚜为害状

豌豆修尾蚜无翅蚜

苹果瘤蚜 *Myzus malisuctus* (Matsumura)

无翅孤雌蚜：体长约 1.6mm，近纺锤形，体黄绿色、绿色、暗绿色或红色。复眼红色。具明显的额瘤。口器末端黑色，伸达中足基部。触角比体短，除第 3、4 节的基半部淡绿色或淡褐色外，其余全为黑色。胸、腹部背面均具黑色横带。腹管长圆筒形，末端稍细，腹管和尾片均为黑色。尾片圆锥状，生 16 根弯曲的毛。

有翅孤雌蚜：体长约 1.5mm，头、胸部暗褐色，具明显的额瘤，生有 2~3 根黑毛；口器、复眼和触角均为黑色，口器可及中足的基节窝。触角第 3 节有圆形次生感觉孔 22 个。腹部暗绿色。

苹果瘤蚜为害状

苹果瘤蚜无翅蚜红色型　　苹果瘤蚜无翅蚜绿色型　　苹果瘤蚜有翅蚜背面　　苹果瘤蚜有翅蚜侧面

桃蚜 *Myzus persicae* (Sulzer)

无翅孤雌蚜：体长 1.4~2mm，体肥大。头、胸部黑色。腹部体色变化较大，有绿色、黄绿色或红褐色，背面有 1 个黑斑；腹管细长，圆筒形，端部黑色；尾片圆锥形。

有翅孤雌蚜：体长 1.6~2.6mm。头、胸、腹管和尾片均为黑色，复眼暗红色。额瘤明显，内倾。两对翅透明，为淡黄色。腹部变化较大，有绿色、黄绿色、红褐至褐色。触角第 3 节具次生感觉孔 10~15 个，第 4 节无，第 5、6 节各具 1 个。

桃蚜雌雄性蚜　　桃蚜干母　　桃蚜为害状　　桃蚜无翅蚜红色型与绿色型　　桃蚜有翅蚜

桃纵卷叶蚜 *Myzus tropicalis* Takahashi

无翅孤雌蚜：体长 1.7mm，宽 0.95mm 。体浅绿色，有翠绿色斑纹，触角间有暗色，腹管端部黑色。额瘤显著内倾；前胸及腹部前 4 节各有缘瘤。腹管圆筒状，为尾片的 2.5 倍。尾片圆锥状，有毛 7~8 根。

有翅孤雌蚜：体长 2.3mm，宽 0.92mm。头、胸部黑色，腹部绿色有黑斑。触角第 3 节有次生感觉孔 11~14 个。翅脉正常。腹管顶端有网纹。尾片中部收缩，有毛 9 根。

桃纵卷叶蚜为害状　　　　　桃纵卷叶蚜无翅蚜

黄药子瘤蚜 *Myzus varians* Davidson

无翅孤雌蚜：体长 2.1mm，宽 1.1mm，卵圆形。体蜡黄白色，触角节间黑色。腹管长筒形，顶端黑色，有微刺突瓦纹，长为体长的 0.24 倍，为尾片的 2.6 倍。尾片舌状，有长曲毛 6~7 根。尾板末端圆形，有毛 11~15 根。

黄药子瘤蚜有翅蚜侧面

黄药子瘤蚜为害状　　　　黄药子瘤蚜无翅蚜　　　　黄药子瘤蚜有翅蚜背面

忍冬新缢管蚜 *Neorhopalomyzus lonicericola* (Takahashi)

无翅干母：体长2.5~2.8mm。体淡黄绿色或淡绿色，触角第3节以上节间及端节黑褐色，有时节间的黑褐色区域扩大，第3节端半部以上均为黑色；腹管端部黑褐色。

有翅孤雌蚜：体长2.5mm。触角第3节有次生感觉孔8~17个。前翅翅脉具黑昙，少数个体很浓。

忍冬新缢管蚜翅脉黑昙型

忍冬新缢管蚜干母与
有翅若蚜

忍冬新缢管蚜
为害状

忍冬新缢管蚜有翅成蚜与
若蚜

忍冬新缢管蚜
有翅蚜

葱蚜 *Neotoxoptera formosana* (Takahashi)

无翅孤雌蚜：体长2.0mm，宽1.1mm，卵圆形。体黑色或黑褐色，有光泽。头及前胸黑色；中胸有侧斑及缘斑；腹部淡色，无缘斑，第7、8节各一横带。触角第1、2、6节及第3~5节端部黑色，足基节、腿节端部3/4、胫节端部及跗节黑；腹管淡色，尾片后半部及尾板灰色。体表有淡色大型网纹。

有翅孤雌蚜：触角第3节无感觉孔。额瘤圆隆起外倾，粗糙。翅脉镶黑边。

葱蚜无翅蚜

葱蚜有翅蚜

葱蚜为害状

莲缢管蚜 *Rhopalosiphum nymphaeae* (Linnaeus)

无翅孤雌蚜：体长 2.5mm，宽 1.6mm。体褐色、褐绿色乃至黑褐色，被薄霜或粉。头部、胸部、腹部灰黑色，各附肢与体背面同色。腹管缢管状，中部收缩，端部膨大，顶端收缩，为尾片长的 2.4 倍。尾片长锥形，中部收缩，尖端钝，有长毛 4 或 5 根。

有翅孤雌蚜：头、胸部黑色，腹部褐色、褐绿色至黑褐色。腹部背片淡色有斑纹。第3 节有次生感觉孔 21~23 个。

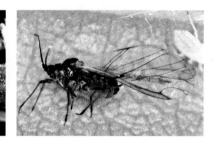

莲缢管蚜为害状　　　　莲缢管蚜无翅蚜　　　　莲缢管蚜有翅蚜

玉米蚜 *Rhopalosiphum maidis* (Fitch)

无翅孤雌蚜：体长 2.1mm，宽 1.0mm，长卵形。体深绿色，附肢黑色。头部黑色但后头稍淡，胸部各节间色更淡。触角、喙、足、腹管、尾片、尾板大致黑色。额瘤稍隆起。腹管长圆筒形，端部收缩，微有缘突，有小刺状瓦纹，侧缘有锯齿。尾片圆锥形，中部微收缩，有小刺突瓦纹。尾板末端圆形。

有翅孤雌蚜：长 2.4mm，宽 0.9mm。体深绿色。头、胸黑色，腹部淡色，有黑斑。腹部第 2~4 节各有大缘斑 1 对，腹管前斑与腹管后斑相融合，围绕在腹管周围。触角第 3 节有次生感觉孔 12~19 个。

玉米蚜为害状

玉米蚜无翅蚜　　　　　　玉米蚜有翅蚜

梨圆尾蚜 *Sappaphis piri* Matsumura

无翅孤雌蚜：体长 2.4mm，宽 1.7mm。体黄褐色或黄绿色，被白粉。前胸和腹部前 5 节各有缘瘤。腹管短筒状。尾片半圆形，有毛 22~29 根。

梨圆尾蚜为害状

梨圆尾蚜无翅蚜

梨圆尾蚜有翅蚜

梨二叉蚜 *Schizaphis piricola* (Matsumura)

无翅孤雌蚜：体长 2mm，宽 1.1mm。体绿色至黄绿色，背中央有 1 条深绿色纵线，并常疏被白色蜡粉。前胸及腹部第 1~7 节各具缘瘤。触角端部黑色。腹管长筒状，黑色，长为尾片的 2 倍。尾片舌状，近中部稍收缩。

有翅孤雌蚜：体长 1.8mm，宽 0.76mm。头、胸部黑色，腹部黄绿色至绿色，背中有 1 条翠绿色纵线。触角第 3 节有次生感觉孔 18~27 个。前翅中脉 2 分叉，故名梨二叉蚜。

梨二叉蚜为害状

梨二叉蚜无翅蚜

梨二叉蚜有翅蚜（示翅脉）

梨二叉蚜有翅蚜

胡萝卜微管蚜 *Semiaphis heraclei* (Takahashi)

无翅孤雌蚜：体长2.1mm，宽1.1mm，卵形。体黄绿色至土黄色，有薄粉。头部灰黑色，有淡色背中缝断续；触角、喙、足大致灰黑色，但触角第3、4节及喙第2节淡色，触角第5、6节，胫节端部1/6~1/5及跗节黑色；腹管黑色，尾片、尾板灰黑色。腹管短，弯曲，无瓦纹；尾片圆锥形，中部不收缩，有微刺状瓦纹，尾板末端圆形。

胡萝卜微管蚜为害状　　胡萝卜微管蚜无翅蚜背面　　胡萝卜微管蚜无翅蚜侧面

有翅孤雌蚜：体长1.6mm，宽0.7mm。体黄绿色，有薄粉。头、胸黑色，腹部淡色，稍有灰黑色斑纹。触角黑色，但第3节基部1/5淡色。其他特征与无翅蚜相似。

胡萝卜微管蚜有翅蚜背面　　　　　胡萝卜微管蚜有翅蚜侧面

芒果蚜 *Toxoptera odinae* (van der Goot)

又名乌桕蚜。

无翅孤雌蚜：体长2.5mm，宽1.5mm。体褐色、红褐色至黑褐色，或灰绿色至黑绿色，有薄粉。中额和额瘤隆起。触角6节，黑色。腹管筒状，中部有1根毛。尾片舌状，近中部收缩，有毛16~20根。

有翅孤雌蚜：体长2.1mm，宽0.96mm。头、胸部黑色，腹部褐色至黑绿色。触角第3节有次生感觉孔8~12个。尾片毛9~18根。

芒果蚜为害状　　　　芒果蚜无翅蚜　　　　芒果蚜无翅蚜

樱桃瘿瘤头蚜 *Tuberocephalus higansakurae* (Monzen)

无翅孤雌蚜：体长 1.4mm，宽 1.0mm 。体土黄色至绿色，微显斑纹，附肢黑色至灰黑色，体表有网纹。额瘤内缘圆形，外倾。腹管筒状，基部渐粗，侧缘有齿突。尾片圆锥状，有毛 4~5 根。

有翅孤雌蚜：体长 1.7mm，宽 0.7mm。头、胸部黑色，腹部黄色至草绿色，有斑纹。触角第 3 节有次生感觉孔 41~53 个。

| 樱桃瘿瘤头蚜干母 | 樱桃瘿瘤头蚜为害状 | 樱桃瘿瘤头蚜无翅蚜 | 樱桃瘿瘤头蚜有翅蚜 |

桃瘤头蚜 *Tuberocephalus momonis* (Matsumura)

无翅孤雌蚜：体长 1.7mm，宽 0.7mm。体暗绿色至绿褐色，头背面黑色，胸腹部有斑纹和网状纹。额瘤内缘圆形，外倾。腹管圆筒状，边缘有齿突，有短毛 3~6 根。尾片三角形，有毛 6~8 根。

有翅孤雌蚜：胸部黑色，腹部绿色。触角第 3 节 有次生感觉孔 19~30 个。腹管有短毛 5~6 根。尾片毛 5~6 根。

| 桃瘤头蚜为害状 | 桃瘤头蚜无翅蚜 |

红花指管蚜 *Uroleucon gobonis* (Matsumura)

无翅孤雌蚜：体长 3.6mm，宽 1.7mm，纺锤形。体黑色。前胸、中胸横带横贯全节。触角、喙黑色，足除腿节基部 2/5 及胫节中部 4/5 淡色外其余黑色，腹管、尾片、尾板及生殖板亦为黑色。腹管长圆筒形，基部粗大向端部渐细，基部 1/2 有微突起和隐约横纹，中部有瓦纹，端部 1/4 有网纹，缘突不明显，无切迹，两缘有微刺突。尾片圆锥形，基部 1/4 处稍收缩，有微刺突瓦纹，两缘有微刺，有曲毛 13~19 根。尾板半圆形，有微刺突瓦纹，有毛 8~14 根。生殖板有毛 14~18 根。

有翅孤雌蚜：体长 3.1mm，宽 1.1mm，纺锤形。触角第 3 节有小圆形隆起次生感觉孔 70~88 个，分散于全长。其他特征与无翅型相似。

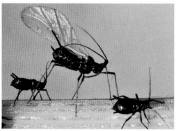

红花指管蚜无翅蚜　　　　　　红花指管蚜有翅蚜　　　　　红花指管蚜为害状

苣荬指管蚜 *Uroleucon sonchi* (Linnaeus)

无翅孤雌蚜：体长 2.9~3.2mm，宽 1.0~1.2mm，长卵形。体褐色，有光泽。触角第 1~3 节各顶端、第 4 节端半部及第 6 节、喙端部、腿节端部、胫节基部及端部、跗节、腹管黑色，头部黑褐色，胸部、腹部淡色。腹部各背片有毛基斑，腹管后斑大于前斑。中额平，额瘤隆起，外倾，呈"U"形。腹管长管状，基部宽大；端部有网纹；缘突稍显，有切迹。尾片尖锥形，有小刺突横纹。尾板末端圆形，有小刺突横纹。

苣荬指管蚜为害状　　　　苣荬指管蚜无翅蚜　　　　　苣荬指管蚜有翅蚜

七、鳞翅目 Lepidoptera

巢蛾总科 Yponomeutoidea

潜蛾科 Lyonetiidae

桃潜叶蛾 *Lyonetia clerkella* (Linnaeus)

体长 3~4mm，翅展约 10mm，分夏型和冬型。夏型成虫银白色，有光泽，前翅狭长，白色，近端部有一个长卵圆形边缘褐色的黄色斑，斑外侧有 4 对斜形的褐色纹翅尖端有一黑斑。后翅披针形，灰黑色。冬型成虫前翅前缘基半部有黑色波状斑纹，其他同夏型。

桃潜叶蛾冬型成虫

桃潜叶蛾夏型成虫

桃潜叶蛾为害状

桃潜叶蛾茧

银纹潜叶蛾 *Lyonetia prunifoliella* Hübner

体长 3~4mm，翅展约 10mm，分夏型和冬型。夏型成虫银白色，有光泽，前翅狭长，白色，近端部有一个半圆形橙黄色斑，斑外缘有一个扁圆形黑斑。围绕橙黄色斑具有放射状黑色条纹，伸向前缘有 5 条，伸向后缘有 4 条。后翅披针形，灰黑色。冬型成虫前翅前缘基半部有黑色波状斑纹，近端部橙黄色斑纹不显，其他同夏型。

银纹潜叶蛾冬型成虫背面　　银纹潜叶蛾冬型成虫侧面　　银纹潜叶蛾为害状

银纹潜叶蛾夏型成虫背面　　银纹潜叶蛾夏型成虫侧面　　银纹潜叶蛾幼虫

绢蛾科 Scythridae

四点绢蛾 *Scythris sinensis* (Felder et Rogenhofer)

翅展 1l~17mm；前翅黑褐色或黑色，近翅基及翅端各具 1 黄色斑；或前翅无斑纹，呈黑色型；腹部杏黄色，雄性背面基部 3 节黑褐色。

四点绢蛾黑色型　　　　　　　　四点绢蛾四斑型

菜蛾科 Plutellidae

小菜蛾 *Plutella xylostella* Linnaeus

翅展 12~15mm。体及翅灰褐色，头和胸背灰白色；唇须第 2 节有褐色长鳞毛，末节白色、细长、前伸、略向上弯。前翅后缘灰白色，两翅合拢时，灰白色斑似由 3 个菱形组成。

小菜蛾成虫

小菜蛾茧

小菜蛾幼虫

细蛾总科 Gracillarioidea

细蛾科 Gracillariidae

金纹细蛾 *Phyllonorycter ringoniella* (Matsumura)

体长 2.5~3mm，翅展 6.5~7mm。体金褐色，头部银白色，头顶端有 2 丛金色鳞片。前翅狭长，金黄色，具白色纹，中央呈剑形，翅端前缘具 4 条，后缘具 3 条放射状的白色纹，外端 1 个较小。纹间夹有黑色鳞片。

金纹细蛾成虫

金纹细蛾为害

金纹细蛾蛹

麦蛾总科 Gelechioidea

麦蛾科 Gelechiidae

麦蛾 *Sitotroga cerealella* (Olivier)

翅展 13~16mm。体灰黄色，头顶光滑无毛丛，唇须向上弯曲，伸过头顶，端节尖；触角丝状，不及前翅长；前翅淡黄褐色至灰黄色，翅端常常色泽较深，有时在基部 1/3 及端部 1/3 具不明显的黑褐色斑纹；后翅比前翅略窄，呈梯形 (顶头突出)。

麦蛾成虫

木蛾科 Xyloryctidae

苹凹木蛾 *Acria ceramitis* Meyrick

 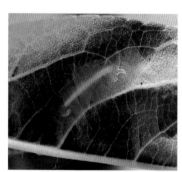

苹凹木蛾成虫　　　苹凹木蛾幼虫

翅展 15mm 左右，翅宽 3mm。头顶和颜面密布鳞毛，头顶褐色，颜面白色；下唇须浅黄色，镰刀形，有褐色斑，第 2 节较粗，第 3 节细长，末端尖；前翅褐色，前缘的 1/3 到 2/3 略向下凹，在下凹的下方直到中室有一半圆形的深褐斑，中室的顶端和中部各有一小黑斑点，其上有竖立的毛丛；后翅灰褐色；腹面灰褐色。

织蛾科 Oecophoridae

点线锦织蛾 *Promalactis suzukiella* (Matsumura)

翅展 11mm 左右。头顶深褐色，颜面银白色，触角银白色并有黑斑；唇须褐色，第 2 节内侧银白色，第 3 节深褐色，镰刀形，向上弯曲超过头顶；前翅基半部有两条平行的银白色斜横带，在翅前缘的 4/5 有银白色三角形斑，横带及斑的外围有深褐色鳞片，在三角形银白色斑的下方到后缘及外缘上有一些不明显的银灰色斑，其中央杂一些褐色鳞片；后翅灰色。足银白褐色，前、中足胫、跗节上有褐斑，后足胫节有长毛，跗节末端也有褐斑。

点线锦织蛾成虫

白线织蛾 *Promalactis enopisema* Butler

白线织蛾成虫

又名：棉实蛾。

翅展 4~5mm。触角白色和褐色相间。下唇须向上及头顶后方伸，灰褐色，散生黑褐色鳞片。胸部及前翅黄褐色，前翅基半部有 2 条平行的银白色斜横带，前翅后缘具一条白色斜纹伸向前缘端部 1/3 处。

展足蛾科 Stathmopodidae

桃展足蛾 *Stathmopoda auriferella* (Walker)

桃展足蛾成虫

又名：桃举肢蛾。

翅展 10~15mm。触角黄褐色，雄性鞭节具细长的纤毛；唇须细长，上伸超过头顶。胸背黄色，具 5 个灰褐色斑纹，斑纹数可减少，或只剩后缘中央斑。前翅基部 2/5 黄色，翅端 3/5 褐色，端半部前缘具黄斑或无；翅前缘基部具褐斑，或延伸至翅中部，接近翅外侧的褐色部分。

翼蛾总科 Alucitoidea

翼蛾科 Alucitidae

百花翼蛾 *Alucita baihua* (Yang)

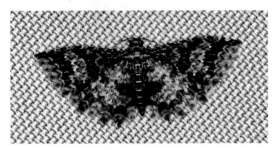

百花翼蛾成虫

体长 4.8mm，翅展 11mm；体翅灰褐色。唇须向下，基 2 节内侧灰白色，外侧被长鳞片，近三角形，鳞毛褐、灰白相间，端节细长，尖端黑褐色；复眼旁具单眼。前翅第 1 支具 5 个黑褐斑，整个前翅具中横带和亚缘带，深灰褐色。

羽蛾总科 Pterophoroidea

羽蛾科 Pterophoridae

胡枝子小羽蛾 *Fuscoptilia emarginata* (Snellen)

翅展 17~25mm。前翅基部和裂口之间的 1/2 处和 3/5 处各具 1 个黑褐斑，前斑近后缘，后斑近前缘，有时此 2 斑不明显；裂口前具 1 黑褐斑，缘毛白色，每叶顶角、臀角具黑褐色缘毛。

胡枝子小羽蛾成虫

粪蛾总科 Copromorphoidea

蛀果蛾科 Carposinidae

桃蛀果蛾 *Carposina sasakii* Matsumura

雌虫体长 7~8mm，翅展 16~18mm；雄虫体长 5~6mm，翅展 13~15mm。体灰白色或浅灰褐色。前翅近前缘中部处有一蓝黑色近乎三角形的大斑。基部及中央部分具有 7 簇黄褐色或蓝褐色的斜立鳞片。前缘凸弯，顶角显著。缘毛灰褐色。雌雄颇有差别：雄性触角每节腹面两侧具有纤毛，雌性触角无此种纤毛；雄性下唇须短，向上翘，雌性下唇须长而直，略显三角形。后翅灰色，绒毛长，浅灰色。

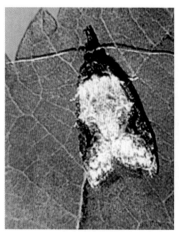

桃蛀果蛾成虫

桃蛀果蛾为害状

桃蛀果蛾幼虫

卷蛾总科 Tortricoidea

卷蛾科 Tortricidae

后黄卷蛾 *Archips asiaticus* (Walsingham)

翅展：雄蛾 19~24mm，雌蛾 25~34mm。下唇须、头、触角和胸部暗灰褐色。雄蛾前翅外缘宽，顶角突出，前缘褶相当于翅长的1/3。前翅基部淡黄色，底为灰褐色，夹杂有锈色，斑纹清楚。后翅灰褐色，前缘和端部橙黄色。雌蛾前翅基部强烈弯曲，中部凹陷，翅顶延长突出，外缘波状；翅底锈褐色，夹杂紫色，花纹暗，亚端纹长、色淡，顶角黑色。

后黄卷蛾雌成虫

后黄卷蛾雄成虫

松黄卷蛾 *Archips similis* (Butler)

翅展：雄蛾 19~24mm，雌蛾 21~24mm。下唇须和头、胸部锈褐色。雌蛾前翅向外略扩展；前缘中部弯曲，顶角延长，外缘波状。雄蛾前缘底色棕黄，斑纹暗褐色。雌蛾总体颜色比雄虫浅。后翅基半部臀角黑褐色；端半部顶角橘黄色，夹杂一些不规则的褐斑。

松黄卷蛾成虫

细圆卷蛾 *Neocalyptis liratana* (Christoph)

翅展 14.5~20.5mm。体翅背面土黄色。前翅前缘基部 1/3 隆起，其后平直(雄蛾具前缘褶)；中带细，斜置，仅前端 1/3 清晰，其后模糊；亚端纹明显，近半圆形；翅端部散布灰褐色短纹。

细圆卷蛾成虫

桃褐卷蛾 *Pandemis dumetana* (Treitschke)

翅展：雄蛾 15.5~17.5mm，雌蛾 23.5~26.5mm。下唇须长，前伸。胸背灰褐色，前翅前缘中部之前均匀隆起，其后平直，顶角近直角；前翅底色土黄色，斑纹灰褐色，基斑大，中带后半部宽于前半部，亚端纹小，常具下伸的细线。

桃褐卷蛾成虫

苹小卷叶蛾 *Adoxophyes orana* Fischer von Röslerstamm

又名棉褐带卷蛾。

体长6~8mm，翅展13~23mm。体黄褐色，前翅长方形，基斑、中带和端纹明显，中带由中部向后缘分叉，呈"h"形。前翅具两种类型，一种正常型，各种斑纹可见但不十分明显了；另一种翅面鳞片呈鱼鳞网状丝纹，各种斑纹十分明显。雄虫具前缘折（前翅肩区向上折叠）。

苹小卷叶蛾幼虫　　　　　苹小卷叶蛾雌成虫　　　　　苹小卷叶蛾雄成虫

黄斑长翅卷蛾 *Acleris fimbriana* (Thunberg)

翅展17~21mm。成虫从体色可分为夏季型和越冬型：夏季型的头、胸部和前翅呈金黄色，翅面散生银白色竖起的鳞片丛，后翅灰白色，缘毛灰白色；越冬型的头、胸部和前翅呈深褐色或暗灰色，后翅比前翅颜色略淡。有的个体前翅呈栗褐色，后翅暗褐色。

黄斑长翅卷蛾幼虫

黄斑长翅卷蛾蛹　　　　黄斑长翅卷蛾冬型成虫　　　　黄斑长翅卷蛾夏型成虫

杨柳小卷蛾 *Gypsonoma minutana* Hübner

翅展 12~15mm。胸背及前翅具杂色的斑纹，前翅茶褐色，翅面有黑褐色与灰白色相间的横波纹和斑点；翅近中部具 1 较宽的灰白色宽横带，带内外侧散布杂色斑纹；翅顶角处具数条斜纹。后翅灰褐色。

杨柳小卷蛾成虫背面

杨柳小卷蛾成虫侧面

大斑镰翅小卷蛾 *Ancylis amplimacula* Falkovitsh

大斑镰翅小卷蛾成虫

翅展 15.0~17.0mm。头顶褐色；额白色。下唇须灰白色；第 2 节鳞片长；第 3 节略下垂。触角褐色。胸部褐色。翅基片白色。前翅底色灰白色；无明显的基斑，只有一些灰褐色斑点散落在基部；前缘中部到顶角处有 1 箭头状深灰褐色斑延伸至翅后缘的 1/3 处；臀角具许多灰褐色条斑；前缘从基部到顶角有 9 对灰白色钩状纹。缘毛灰色。后翅及缘毛灰褐色。足灰黄色；跗节均有褐色环状纹。腹部灰褐色。

麻小食心虫 *Grapholita delineana* (Walker)

又名四纹小卷叶蛾。

翅展 11~15mm。唇须灰白色，向上弯曲，第 2 节长、末节相当第 2 节长的 1/2；头部及前胸鳞毛粗糙，灰褐色触角有灰、褐相间的环伏毛；前翅茶褐色或灰褐色，前缘有 9~10 个黄白色钩状纹，顶角的钩状纹为新月形，有时扩大为圆斑，后缘中部有 1 条黄白色或灰白色的平行弧状纹，纹的边缘呈浓褐色，对比鲜明，肛上纹不明显，近臀角处有 2 条灰色纹。后翅黑褐色，缘毛灰褐色。

麻小食心虫成虫

梨小食心虫 *Grapholita molesta* (Busck)

翅展 10.6~15mm，个体大小差别很大。全体灰褐色，无光泽；头部具有灰褐色鳞片；唇基向上弯曲。前翅混杂有白色鳞片，中室外缘附近有一个白斑点，是本种显著特征；肛上纹不明显，有 2 条竖带，4 条黑褐色横纹；前缘约有 10 组白色钩状纹。后翅暗褐色，基部较淡，缘毛黄褐色。

梨小食心虫幼虫

梨小食心虫成虫

顶梢小卷蛾 *Spilonota lechriaspis* Meyrick

又名梨白小卷叶蛾、芽白小卷叶蛾。

翅展 15mm 左右。触角、头、胸、腹部黑褐色；下唇须前伸，黑褐色，第 2 节膨大呈三角形，第 3 节短小，隐藏在第 2 节鳞片中几乎看不见；前翅长方形，淡灰褐色，上有灰褐色基斑、中带和端纹，基斑弧形，中间加杂有灰条斑，中带中间、在后缘附近部分色深呈三角形，与外缘平行有黑斑点 6 枚。

顶梢小卷蛾幼虫

顶梢小卷蛾成虫

网蛾总科 Thyridoidea

网蛾科 Thyrididae

格线网蛾 *Striglina venia* Whalley

格线网蛾成虫

前翅长 10mm。体翅红棕色，前后翅具网格，前翅具众多黑褐斑；前后翅具相连的斜线，伸向翅尖的内侧；前翅反面中部具 2 个黑褐斑，翅基具 1 个黑褐斑；后翅反面中部具断续的线。

直线网蛾 *Rhodoneura erecta* (Leech)

翅展：雄蛾 14.5~17.5mm，雌蛾 16.0~19.5mm。头部棕褐色。触角丝状黄褐色，各节有枯黄色环。体正面棕褐色，腹面枯黄色。前足跗节内侧枯黄色，外侧棕褐色，各节有白环。前翅及后翅淡褐色，网纹褐色；中线分叉，内线较直；顶角有"人"字形棕色纹；臀角处有 1 斜线。后翅中线较粗，内侧有 2 条弧形纹，顶角也有弧形纹。

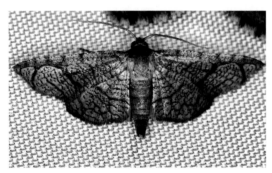

直线网蛾成虫

斑蛾总科 Zygaenoidea

斑蛾科 Zygaenidae

桧带锦斑蛾 *Pidorus glaucopis atratus* Butler

翅展 49~54mm。体黑褐色，腹部稍蓝，头顶鲜红；翅黑褐色，前翅有一条白色宽斜带。

桧带锦斑蛾成虫背面

桧带锦斑蛾成虫侧面

柞树叶斑蛾 *Illiberis sinensis* Walker

翅展 23mm。体黑色，有绿色光泽；触角栉齿状，雌性稍短，有蓝绿色闪光；翅透明，边缘黑色，后翅前缘色泽更深。

柞树叶斑蛾成虫

柞树叶斑蛾成虫交尾

透翅毛斑蛾 *Phacusa dirce* Leech

翅展 31~32mm。前翅翅顶宽黑色，后缘黑色，侧面观有蓝黑色闪光，翅透明缺鳞片，翅脉皆黑色；后翅前缘有宽黑带深入中室；前后翅翅脉及翅边缘均有黑色宽边。

透翅毛斑蛾成虫

刺蛾科 Limacodidae

中国绿刺蛾 *Parasa sinica* Moore

双齿绿刺蛾 *Parasa hilarata* (Staudinger, 1887) 为本种的异名。

翅展 21~28mm。头顶和胸背绿色；腹背灰褐色，末端灰黄色；前翅绿色，基斑和外缘暗灰褐色，前者在中室下线呈角形外曲，后者与外缘平行内弯，其内线在 2 脉上呈齿形曲；后翅灰褐色，臀角稍带灰黄色。

中国绿刺蛾幼虫　　　　　　　　中国绿刺蛾茧　　　　　　　　中国绿刺蛾成虫

褐边绿刺蛾 *Parasa consocia* Walker

翅展 20~43mm。头和胸背绿色，胸背中央有一红褐色纵线；腹部和后翅浅黄色；前翅绿色，基部红褐色斑在中室下缘和 1 脉上呈钝角形曲，翅外缘有一浅黄色宽带，带内布有红褐色雾点，带内翅脉和内缘红褐色，后者与外缘平行圆滑或在前缘下呈齿形内曲，在臀角处较内曲。

褐边绿刺蛾幼虫褐色型　　　　褐边绿刺蛾幼虫绿色型　　　　褐边绿刺蛾成虫

梨娜刺蛾 *Narosoideus flavidorsalis* (Staudinger)

翅展 30~36mm。触角双栉状分支到末端。体褐黄色；前翅外线以内的前半部褐色较浓，后半部黄色显著，其中 1b 脉暗褐色，外缘较明亮，外线清晰暗褐色，无银色端线。

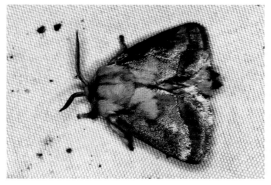 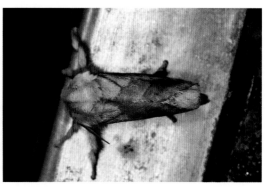

梨娜刺蛾成虫　　　　　　　　　　　　　梨娜刺蛾成虫

黄娜刺蛾 *Narosoideus fuscicostalis* (Fixsen)

翅展 25~32mm。外形与梨娜刺蛾近似，但体黄色，身体略带褐色，前翅外线以内的前缘褐色，向内伸展到中室上缘，后缘无黄斑，后翅带褐色。

黄娜刺蛾幼虫　　　　　　　　黄娜刺蛾成虫　　　　　　　黄娜刺蛾成虫

光眉刺蛾 *Narosa fulgens* (Leech)

翅展 22mm。体浅黄白色，掺有红褐色；前翅浅黄色，布满淡红褐色斑点；内半部 3~4 个，不清晰；中央一个较大，呈不规则弯曲；沿中央大斑外侧有一条浅黄色外线，外线内侧具小黑点；端线由一列小黑点组成。后翅浅黄色。

光眉刺蛾成虫

桑褐刺蛾 *Setora postornata* (Hampson)

翅展 31~39mm。触角灰褐色，雄触角栉齿状，约 1/2 为长栉齿；雌触角线状。体翅灰褐色，雌蛾略带紫色。前翅两线间及翅端色较淡，线纹紫褐色；中线从前缘近中部，通过中室端点内曲至后缘内侧 1/3 处，外侧衬有浅色纹；外线从前缘外侧 1/3 处直达后缘，外衬铜色带不清晰，只是色较深，仅在臀角处呈梯形斑；缘毛色与翅色相同。

桑褐刺蛾幼虫红色型　　　　　桑褐刺蛾幼虫黄色型　　　　　桑褐刺蛾成虫

拟三纹环刺蛾 *Birthosea trigrammoidea* Wu et Fang

翅展 20~25mm。体黄褐色至暗褐色，前翅褐色，具 3 条细灰褐或灰白色带，前 2 条带近于平行，线内的褐色带明显宽于浅色带，后 1 条在翅缘，伸向翅臀角上方。

拟三纹环刺蛾成虫侧面　　　　　拟三纹环刺蛾成虫背面

角齿刺蛾 *Rhamnosa angulata kwangtungensis* Hering

翅展 26~36mm。触角双栉状。头、胸背浅红褐色，腹背黄褐色。前翅浅红褐色，有 2 条红褐色平行斜线，分别从前缘近顶角和从前缘外侧 3/4 处向后斜伸至后缘外侧 1/3 处和 2/3 处，两线间在后缘有齿形毛簇。后翅黄褐色，臀角暗褐色。

角齿刺蛾成虫背面　　　　　角齿刺蛾成虫侧面

长腹凯刺蛾 *Caissa longisaccula* Wu et Fang

翅展 21~28mm。身体与前翅黄白色，颈片、翅基片内缘、胸背末端毛和腹背褐色。前翅中线黑褐色双股，前窄后宽，从前缘中央向内直斜伸到后缘中央内侧；中线外侧，从 M_3 中脉到后缘有一条不清晰的波浪状黑褐色线；外线暗褐色微波浪形，从前缘近中线处斜向外曲伸到臀角；中线和外线之间云状黄色，端线由一列不清晰的黑点组成，但仅在翅顶以下的点较可见，翅顶和臀角各有一个小黑点。

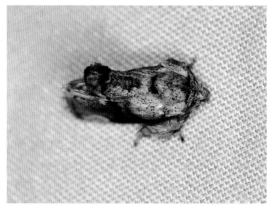

长腹凯刺蛾成虫背面

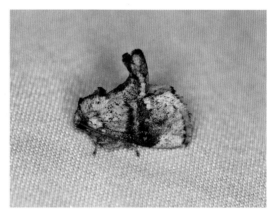

长腹凯刺蛾成虫侧面

扁刺蛾 *Thosea sinensis* (Walker)

翅展 28~39mm。身体灰褐色；翅褐灰到浅灰色，内半部和外线以外带黄褐色并稍具黑色雾点，外线暗褐色，从前缘近翅尖直向后斜伸到后缘中央前方，横脉纹为一黑色圆点；后翅暗灰色至黄褐色。

扁刺蛾幼虫

扁刺蛾成虫

螟蛾总科 Pyraloidea

螟蛾科 Pyralididae
斑螟亚科 Phycitinae

黑松蛀果斑螟 *Assara funerella* (Ragonot)

翅展 12~18mm。头顶灰白色。触角褐色。下唇须达头顶，第 1 节、第 2 节基部灰白色，第 2 节端部、第 3 节黑褐色，第 3 节约为第 2 节长的 2/3，末端尖细。下颚须灰褐色，约是下唇须第 2 节长的 1/2。喙基部灰色。胸部、领片及翅基片灰褐色。前翅底色灰褐色；基域黑褐色，内横线灰白色，位于前缘基部 1/3 处，外侧镶黑色宽带；中域前缘灰白色，后缘褐色，中室端斑模糊，黑褐色，肾形；外横线灰白色，较直，内、外镶褐色宽带；缘毛灰褐色。后翅半透明，淡灰色，外缘边褐色稍深，缘毛灰白色。

黑松蛀果斑螟成虫

白条紫斑螟 *Calguia defiguralis* Walker

翅展 19~21mm。头部红褐色；触角柄节红褐色，鞭节基部鳞片簇红褐色，其余数节褐色；下唇须紫红色，内侧黄白色，明显超过头顶；下颚须扇形，赭色，与下唇须第 3 节约等长。前胸与领片锈红色，中胸黑褐色，后胸红黄色；前翅基域前缘半部褐色；内横线较宽，灰白色，圆弧形，由前缘基部 1/3 处达后缘基部 1/3 处；翅中域及外域紫褐色，前缘有淡灰色宽带；外横线较细，灰白色，波形；中室端斑白色，明显分离；外缘线白色，内侧的缘点暗红色，不明显；缘毛暗红色。后翅半透明，与缘毛皆灰褐色。

白条紫斑螟成虫

圆瘤翅斑螟 *Caradjaria asiatella* Roesler

翅展 23~24mm。头顶被暗褐色粗糙鳞毛。触角柄节暗褐色，鞭节基部缺刻深褐色，缺刻外鞭节黄褐色。下唇须强烈侧扁，第 2 节基部向前伸出长鳞毛。下颚须黑褐色，约为下唇须第 2 节长的 1/2。喙基部被灰白色鳞片。领片、翅基片及胸黑褐色。前翅底色灰褐色；内横线灰白色，弧形，位于翅 3/7 处，内侧后缘镶一较大的褐色斑，褐色斑的内边具一丛黑色鳞毛脊，鳞毛脊的内侧镶白边，内横线外侧前缘镶褐色边；中域灰褐色，中室端斑黑色，圆形，明显分离；外横线灰白色，宽而模糊，折线状，内、外镶褐边；外缘线灰白色，内侧缘点黑色；缘毛灰褐色。后翅半透明，与缘毛皆灰色，外缘边浅褐色。

圆瘤翅斑螟成虫

微红梢斑螟（松梢斑螟）*Dioryctria rubella* Hampson

翅展 30mm。体灰色到灰白色，有鱼鳞状白斑，翅端有一白色横线，两侧有暗色边缘，中域有棕褐色斑及红褐色斑，内横线及外横线褐色锯齿状不很明显，缘毛灰色，后翅灰色。

微红梢斑螟（松梢斑螟）成虫

果梢斑螟 *Dioryctria pryeri* Ragonot

翅展 23mm。前翅暗褐色，有 3 条灰白波纹状横带，内横线及外横线灰色弯曲如锯齿，外缘棕褐色，中室有一灰白斑，外缘黑色，后翅灰白色。

果梢斑螟成虫

豆荚斑螟 *Etiella zinckenella* (Treitschke)

豆荚斑螟成虫

翅展 22~22mm。体灰褐色。前翅黑褐色与黄褐色鳞片混杂，近翅基色泽较暗，褐色端部覆有白色的鳞片，沿中室内侧有一横带，外侧有淡黄色宽带，前缘从基角至顶角有一白色纵带；后翅灰白色。

巴塘暗斑螟 *Euzophera batangensis* Caradja

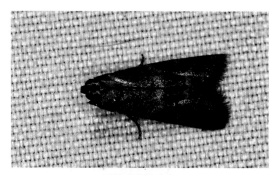

巴塘暗斑螟成虫

翅展 14~20mm。体色及斑纹变化较大，体及前翅常灰褐色；下唇须黑褐色，上卷，过头顶。前翅内横线类白色，内外具黑褐边，中部有一向外弯曲的尖角；外横线灰白色，波状或锯齿状，中室端斑黑褐色；缘线由黑褐点组成。

曲纹叉斑螟 *Furcata karenkolla* (Shibuya)

翅展 20~26mm。触角褐色；下唇须与头顶平齐或略超出，灰褐色掺杂少量灰白色鳞片；下颚须灰褐色，约为下唇须第 2 节长的 2/3。领片、翅基片及中胸背板黑褐色。前翅底色黑褐色，中域掺杂较多白色鳞片，形成一模糊的白斑；内横线白色，折线形，在 A 脉处形成一向内的尖角；中室端斑黑褐色，2 个斑明显分离；外横线灰白色，在 M_1 和 $Cu-A_2$ 处具向内的尖角，二者之间向外弧形弯曲；外缘线灰褐色，内侧缘点黑色；缘毛灰褐色。后翅半透明，淡褐色，缘毛灰褐色。

曲纹叉斑螟成虫

拟叉纹叉斑螟 *Furcata pseudodichromella* (Yamanaka)

翅展 18~24mm。下唇须上举，与头顶齐平；前翅暗灰色，散布白色鳞片，形成斑纹；内线白色，内侧后缘具椭圆形黑褐斑，外侧前缘具三角形黑褐色斑；外线灰白色，在中后部呈弧形外突。

拟叉纹叉斑螟成虫

双线云斑螟 *Nephopterix bilineatella* Inoue

翅展 19~24mm。雄蛾头顶具灰褐色鳞毛突起，雌蛾被灰白色粗糙鳞毛。前翅烟灰色，内横线灰白色，内侧具黑色宽边，外横线灰白色，距前、后缘各 1/3 处具向内突的尖角。

双线云斑螟成虫

南京伪峰斑螟 *Pseudacrobasis nankingella* Roesler

翅展 14~18mm。触角柄节黑色，鞭节基部深褐色，端部较基部颜色浅。下唇须第 1 节灰白色，2、3 节灰褐色。下颚须短小，黑褐色。翅基片、领片灰褐色，胸黑褐色。前翅底色灰褐色；内横线褐色，弧形，位于翅 2/5 处，内侧后缘镶一较大的褐色斑，褐色斑的内边具一丛黑色鳞毛脊；内横线外侧前缘半部具一较大的三角形灰白区域；中室端斑黑色，圆形，明显分离；外横线灰白色，折线状，在 M_1 脉处向内弯曲，在 M_2 脉处向外弯曲，内、外镶褐边；外缘线灰色，内侧缘点黑色；缘毛灰色。后翅半透明，与缘毛皆灰色，外缘边浅褐色。

南京伪峰斑螟成虫

小瘿斑螟 *Pempelia ellenella* Roesler

翅展 17~22mm。体翅背面灰褐色。下唇须粗大，伸过头顶，第 3 节短小；雄蛾触角间具白色鳞毛形成窝，第 2 节极粗壮，约是第 3 节的 8 倍长；前翅内横线灰白色，内外侧镶黑边，中室端斑黑色，月牙形，外线波状。

小瘿斑螟成虫

曲小茸斑螟 *Trachycera curvella* (Ragonot)

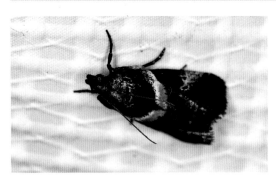

翅展 17~23mm。体翅背面黑褐色。前翅内横线白色，稍斜，外侧后缘呈土黄色至橘黄色；外横线灰白色，波状，中部外凸，内外侧各镶黑褐色边；翅前缘中部具白色斜带，中室内具 2 个黑斑。

曲小茸斑螟成虫

蜡螟亚科 Galleriinae

一点缀螟 *Paralipsa gularis* (Zeller)

翅展 25~29mm。成虫斑纹雌雄各异。头部褐色，前额及触角基部鳞片扁平，触角淡褐色。雄蛾下唇须细小向上翘起，雌蛾下唇须粗大向下弯曲。身体暗褐色。雌蛾前翅狭长，内横线与外横线皆赤褐色，前翅中央有一浓黑扁圆斑；后翅灰褐色无斑纹，缘毛灰褐色。雄蛾前翅青灰色，内横线与外横线之间有黄褐色分歧呈叉状的斑纹，斑纹末端有两个黑色小圆点，叉状纹下方鳞片红色；后翅淡灰褐色无斑纹，前、后翅缘毛灰褐色，但后翅缘毛色泽稍浅。

一点缀螟成虫

二点织螟 *Aphomia zelleri* (Joannis)

翅展：雄蛾 18~19mm，雌蛾 29~31mm。雌蛾头胸紫灰褐色，腹部灰褐色；前翅红灰褐色，前缘及翅脉暗褐色，中室中央与末端各有一圆形暗褐色斑，缘毛灰褐，靠近基部有暗褐色线；后翅白色有绢丝状闪光，外缘略带褐色。雄蛾前翅红褐色，色泽比雌蛾鲜明，中室末端及中央各有一细斑点；后翅白色。

二点织螟成虫

丛螟亚科 Epipaschiinae

大豆网丛螟 *Teliphasa elegans* (Butler)

大豆网丛螟幼虫

大豆网丛螟成虫

翅展 24~35mm。前翅暗褐色、褐色或黑褐色带绿色，但内外横线间常灰白至灰褐色，有时色暗；中室内可见 2 个黑斑；外线黑色，斜伸向外再弯回，后直伸至后缘。

栗叶瘤丛螟 *Orthaga achatina* (Butler)

翅展 23~50mm。头部淡黑褐色；触角黑褐色，雄蛾微毛状，基节后方混合淡白色及黑褐色鳞毛；下唇须黑褐色，向上伸，末端尖锐；胸、腹部背面淡褐色，雌蛾黑褐色，腹面淡白褐色。前翅基部暗黑褐色，内横线黑褐色，前线中部有一黑点，中室内外各有一黑点，外横线曲折波浪形，沿中脉向外突出尖形向后收缩，沿翅脉前缘有乳头状肿瘤，外缘暗黑褐色，缘毛褐色，基部有一排黑点。后翅暗褐色，缘毛褐色，基部有一排黑点。

栗叶瘤丛螟成虫

螟蛾亚科 Pyralinae

盐肤木黑条螟 *Arippara indicator* Walker

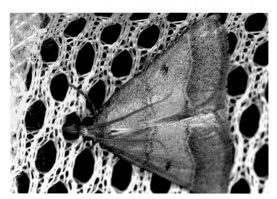

翅展22~34mm。体背及翅红褐色或灰褐色。前翅具2条横线，内线稍弧形，外线弧形，在臀角处波形明显，两横线间颜色较浅；中室端黑斑明显；后翅仅具外线，其外红褐色或灰褐色，其内浅灰色，无中室斑。

盐肤木黑条螟成虫

赤双纹螟 *Herculia pelasgalis* (Walker)

翅展21~29mm。头圆形混杂黄色及赤色鳞片，触角淡红色及黄色，下唇须向上倾斜，淡红色及黄色相间，胸腹部背面淡赤色，雌蛾腹部有黑色鳞，胸腹部腹面淡褐色。前翅及后翅皆深红色，各有两条黄色横线。

赤双纹螟成虫

金黄螟 *Pyralis regalis* Denis et Schiffermüller

翅展22mm。前翅中央金黄色，翅基部及外线紫色有两条浅色横线，后翅紫红色，有两条狭窄的横线。

金黄螟成虫

灰直纹螟 *Orthopygia glaucinalis* (Linnaeus)

翅展 21~22mm。头、触角、下唇须橄榄灰色。肩板鳞片略长于胸部。胸背、腹背赭黄色，中、后足胫节有长毛缨。前翅黄绿色至红褐色，中部前缘有黄色刻点，内、外横线淡黄色，横线前缘有黄斑，中室端有一暗色斑。后翅灰褐色，内、外横线淡灰色，在后缘靠近。两翅缘毛淡灰色。

灰直纹螟成虫

缘斑缨须螟 *Stemmatophora valida* (Butler)

翅展 21~25mm。额、头顶和下唇须黄色。下颚须淡黄色。触角黄褐色。胸部赭褐色，翅基片黄褐色。前翅赭褐色，外缘弧形；前缘中部有 1 排黑白相间的刻点；内横线淡黄色，近前缘略外弯；外横线淡黄色，在前缘形成 1 枚黄色斑纹，近中部略外弯，近后缘内弯成一角；外缘黑色；缘毛从顶角至外缘近 2/3 处深褐色，其余缘毛基部 1/3 深褐色，端部 2/3 金黄色。后翅赭褐色，内横线和外横线淡黄色，略外弯，内横线外侧和外横线内侧有黑褐色镶边；外缘黑色；除内缘缘毛较长，灰白色外，其余缘毛金黄色。足深褐色，跗节黄色。腹部黄褐色，散布少量黑色鳞片。

缘斑缨须螟成虫

米蛾 *Corcyra cephalonica* (Stainton)

翅展 25~32mm。体翅背面褐色至暗褐色；额黄白色，具 3 条暗褐色纵纹，中间 1 条较粗；腹部各节后缘白色或色浅；前翅中室端斑新月形，黑褐色，中室的圆斑黑褐色，小；外线黑褐色，中段 1/3 外凸，后 1/3 位于中室端斑的下方；缘线黑褐色；后翅的外线与前翅相似。

米蛾成虫

歧角螟亚科 Endotrichinae

并脉歧角螟 *Endotricha consocia* (Butler)

翅展18~20mm。头、下唇须灰褐色，下唇须第2、3节末端白色。触角淡褐色。胸背、腹背灰黄褐色。足淡褐色；夹杂赤色鳞片。雄螟肩片长、褐色。前翅黄褐色，中部前缘有一列白色刻点，内横线白色、略弯曲，其外侧有黄褐带，外横线白色、波状，其前缘有一白斑，外缘线黑色，缘毛淡黄色。后翅褐色，散布黑色斑点，横线白色，内横线内侧及外横线外侧缘有黑边，外缘线黑色，缘毛淡黄色。

并脉歧角螟成虫背面

并脉歧角螟成虫侧面

榄绿歧角螟 *Endotricha olivacealis* (Bremer)

翅展17~23mm。体背黄色，具茄红色鳞片。前翅茄红色，前缘黑褐色具黄色斑点；中域具黄色宽带(或不显)，伸达前缘；中室端斑黑褐色，月牙形；具亚外缘线和外缘线；缘毛黄色，但顶角处及中部黑褐色带茄红色。

榄绿歧角螟成虫

草螟科 Crambidae
野螟亚科 Pyraustinae

白桦角须野螟 *Agrotera nemoralis* (Scopoli)

翅展 16~22mm。头茶褐色，顶部赭色。触角黑褐色。下唇须向上弯曲，基部白色，其他茶褐色，末节三角形。胸背、腹背橘黄色，两侧白色，腹端黑褐色，腹面及足白色，前足胫节净角器毛刷黑灰色。前翅基域黄色，有橙黄色网纹；内横线黑褐色，内横线至翅外缘褐色；中室端脉斑黑褐色、条状，外侧脉黄色；外横线黑褐色、波状、弯曲，缘毛淡褐色，顶角下及臀角缘毛白色。后翅淡褐色，外横线褐色、波纹状，中室端脉斑黑褐色，细弱，缘毛淡黄褐色。

白桦角须野螟成虫

长须曲角野螟 *Camptomastix hisbonalis* (Walker)

翅展 18~22mm。头胸部暗赤褐色。下唇须向前平伸，长；雄蛾触角基部 1/3 弯曲，多毛；前翅暗赤褐色，内外横线暗褐色，内线的内侧和外线的外侧衬灰白边，中室端有 1 个白斑。

长须曲角野螟成虫

金黄镰翅野螟 *Circobotys aurealis* (Leech)

翅展 30~33mm。头部黄色，额倾斜，两侧有白条纹。触角黄色有白条纹。下唇须向上斜伸末节向下，上半褐黄下半白色。胸及腹背面褐黄色。翅雌雄异形，雄蛾翅狭窄暗褐色无斑纹，外缘有斜宽黄色带，雌蛾翅稍宽，前翅金黄色无斑纹，后翅半透明，淡褐色。幼虫为害竹叶。

金黄镰翅野螟成虫

桃蛀螟 *Conogethes punctiferalis* (Guenée)

翅展 22~45mm。体黄色。翅面有许多黑色小斑，头部圆形，下唇须发达向上弯曲，有黄色鳞毛，前半部背面外侧有黑鳞毛，触角丝状，胸部中央有 1 黑斑，领片中央有 1 黑斑，肩板前端外侧及近中央各有 1 黑斑。翅黄色，前翅前缘基部有 1 黑斑，沿基线有 3 黑斑，外横线及亚外缘线各有 8 个黑斑，亚外缘线以外有 3 个黑斑。后翅中室内存 2 个黑斑，外横线有 7 个黑斑，亚外缘线有 8 个黑斑，腹部第 1、3、4、5 各节背面有 3 个黑斑，腹部 2、7 节背面无斑。

桃蛀螟幼虫　　　　　　　　　　　　　桃蛀螟成虫

稻纵卷叶螟 *Cnaphalocrocis medinalis* (Guenée)

翅展 18~20mm。体灰黄褐色，头部及领片暗褐色，下唇须下侧白色，腹部有白色及暗褐色环纹，腹部末端有成束的黑白色鳞毛，前翅沿前缘及外缘有较宽的暗褐色纹，内横线褐色弯曲，外横线伸直倾斜，中室有 1 暗褐色纹，后翅黄色三角形，有 2 条横线向翅后角弯曲，中室有 1 斑纹，外缘有暗灰褐色带。

稻纵卷叶螟雌成虫　　　　　　　　　　稻纵卷叶螟雄成虫

四斑绢野螟 *Glyphodes quadrimaculalis* (Bremer et Grey)

翅展 33~37mm。头部淡黑褐色,两侧有白条。触角黑褐色;下唇须向上伸,下侧白色,其他黑褐色。胸部及腹部黑色,两侧白色;前翅黑色有 4 个白斑,最外侧一个延长成 4 个小白点。后翅底色白色有闪光,沿外缘有一黑色宽带。

四斑绢野螟成虫

瓜绢野螟 *Diaphania indica* (Saunders)

翅展 23~26mm。头、胸部黑褐色。触角灰褐色。下唇须褐色,下侧白色。领片、肩片暗褐色,肩片末端白色。腹部及足白色,腹部第 7~8 节黑色,尾毛黄褐色。两翅白色,半透明;前翅前缘、外缘及后翅外缘有黑褐色宽带。两翅缘毛黑褐色。

瓜绢野螟幼虫

瓜绢野螟成虫

黄杨绢野螟 *Cydalima perspectalis* (Walker)

翅展 32~48mm。体白色。头部暗褐色,头顶触角间鳞毛白色,触角褐色;下唇须第 1 节白色,第 2 节下部白色,上部暗褐色,第 3 节暗褐色。胸部白褐色有棕色鳞片,腹部白褐色末端深褐色,翅白色半透明有闪光。前翅前缘褐色,中室内有两个白点,一个细小,另一个弯曲新月形,外缘有 1 条褐色带。后翅外缘带边缘黑褐色。

黄杨绢野螟幼虫

黄杨绢野螟成虫

叶展须野螟 *Eurrhyparodes bracteolalis* (Zeller)

翅展 20mm。腹部暗褐色，基部浅黄色，前翅及后翅翅面充满浅褐色不规则的条纹。

叶展须野螟成虫

金色悦野螟 *Glycythyma chrysorycta* (Meyrick)

翅展 17mm。体翅黄色，具黑色斑纹。翅基片黑色，中后胸具黑斑，腹背具黑色横纹。前翅除黑色环纹和肾纹外，中室下方另有1条圆形黑环纹，这3条纹相接。

金色悦野螟成虫

齿斑绢丝野螟 *Glyphodes onychinalis* (Guenée)

翅展 16~20mm。额白色。触角棕黄色，下唇须白色，下颚须末端白色。胸部背面白色掺杂浅褐色鳞片；翅基片白色，上有 1 浅褐色斑。前翅底色白色；基部有 1 褐色斑；有

6 条褐色横带，近基部的 1 条较短；亚基线中部略宽，中央有 1 条白色阔短带；前中线中央近前缘向内伸进 1 条淡黄色线，靠近内缘有 2 个黄白斑；后中线宽，中央夹有白色线或斑，中部向外缘方向伸出 1 尖齿；近外缘有 1 排褐色斑，有的断续相连；外缘褐色。后翅底色白色，半透明；前、后中线褐色，中央夹有白色斑、线；近外缘有 1 排褐色斑，有的断续相连。

齿斑绢丝野螟成虫

棉大卷叶螟 *Haritalodes derogata* (Fabricius)

又名：棉褐环野螟。

翅展30mm。头、胸白色略黄，胸部背面有黑褐色点12个，排成4行；腹部白色，各节前缘有黄褐色带：前翅黄褐色，前翅中室内和外侧具黑褐色环形纹，近似于"OR"，外横线黑色，缘毛淡黄色，末端黑色。后翅中室有细长环纹，向外伸出一黑褐色条纹，外横线黑褐色。

棉大卷叶螟幼虫	棉大卷叶螟蛹	棉大卷叶螟成虫

葡萄切叶野螟 *Herpetogramma luctuosalis* (Guenée)

翅展22~30mm。胸腹棕褐色。前翅黑褐色，中部具3个明显的淡黄色斑，中室中央斑方形，中室端外斑肾形，最大，达翅前缘，另一斑位于上两斑之间的下方，新月形，小；后翅黑褐色，中室具小黄点，外缘黄色，宽大，似由2个斑组成。

葡萄切叶野螟成虫

褐翅切叶野螟 *Herpetogramma rudis* (Warren)

翅展25~28mm。头部浓褐色；触角褐色，雄蛾触角微毛状；下唇须下侧白色，其余部分黑褐色；胸、腹部背面深褐色，腹面白色，翅灰褐色；前翅中室中央有一个小黑点，中室端脉有一条深黑色线，内横线深黑褐色，比较短，不甚明显，外横线褐色，细长弯曲波纹状，缘毛黑褐色；后翅外横线弯曲不明显、沿外缘颜色稍暗，缘毛灰褐色。

褐翅切叶野螟成虫

暗切叶野螟 *Herpetogramma fuscescens* (Warren)

翅展 15~28mm。体褐色或暗褐色。额灰褐色或暗褐色。触角腹面淡黄色,背面褐色。下唇须腹面白色,端部及背面黑褐色或暗褐色。下颚须暗褐色。领片、翅基片、胸部及腹部背面褐色或暗褐色。前、后翅褐色或暗褐色,其上斑和线黑褐色;前中线略向外倾斜弯曲;中室圆斑、中室端斑黑褐色,中室端斑条状;后中线波状。后翅中室端斑条状,多不清晰;后中线略向外弯,后向内收缩达中室下角下方,向下达内缘。

暗切叶野螟成虫

甜菜白带野螟 *Spoladea recurvalis* Fabricius

又名:甜菜青野螟。

翅展 24~26mm。体翅棕褐色,具白色斑纹。头复眼两侧和头后具白纹;腹部具白色环纹。前后翅中部具横带,前翅外横线处具 1 短白带及 2 个小白点;前翅缘毛与翅同色,中、后部各具 1 白斑;后翅缘毛端半部白色,基半部棕褐色,中、后部各具 1 白斑。

甜菜白带野螟幼虫

甜菜白带野螟成虫

豆荚野螟 *Maruca vitrata* (Fabricius)

翅展 24~26mm。额黑褐色,两侧有白线条。下唇须基部及第 2 节下侧白色,其他黑褐色,第 3 节细长。触角细长,基部白色。胸背、腹背茶褐色。翅暗褐色。前翅中室内有一方形透明斑,中室外由翅前缘至近后缘间有一方形透明斑,中室下侧有一透明小斑。后翅白色,外缘暗褐色,中室内有一黑点和一黑色环纹及波纹状细线。双翅外缘线黑色,缘毛黑褐色，有闪光，翅顶角下及后角处缘毛白色。

豆荚野螟幼虫

豆荚野螟成虫

三环狭野螟 *Mabra charonialis* (Walker)

翅展 17~20mm。胸腹背黄色至黄褐色，前翅底色黄褐色，内、外横线黑褐色，其中外线在近后缘时曲折；前缘内外横线间具 2 个黑环纹，中室内具 1 黑色环纹，与内横线相接；中室外具 1 斜向近长方形斑，3 条边黑褐色，此纹内侧下方具 1 圆形黑环纹。前后翅缘毛白色，基半部黑褐色。

三环狭野螟成虫

杨芦伸喙野螟 *Mecyna tricolor* (Butler)

翅展 22~24mm。额圆、黑褐色，头顶锈黄色。下唇须基部及下侧白色，其他黑褐色，顶端黄褐色；下颚须黑褐色；触角黄褐色。胸背、腹背灰褐色，腹部各节有白色环纹。前翅黑褐色，内、外横线淡黄色，弯曲不明显，中室内有一淡黄色方形小斑，中室下另有一淡黄色方形斑纹，中室端脉黑色，其外侧有一淡黄色肾形斑纹。后翅黑褐色，中部有一淡黄色宽横带，横带中部向外凸，外横线淡黄色，仅前缘留有痕迹。双翅缘毛黑褐色，基部有白色细线，臀角缘毛白色。

杨芦伸喙野螟成虫

黑点蚀叶野螟 *Nacoleia commixta* (Butler)

翅展 18~19mm。头部白色，触角基部黑褐色；下唇须下侧白色、其余褐色，胸部背面白褐色，领片及翅基片黑褐色，腹部背面白褐色。翅黄色，接近中域白色，前翅基部暗褐色，前缘靠近翅基部有 1 个黑斑，内横线黑色波纹状弯曲，中室端脉以下暗褐色，中室中央有 1 褐色环。中室端脉斑褐色新月形，上侧沿前翅前缘有 1 个黑色小环形斑，外横线波纹状从前翅前缘黑点向外弯曲，接近翅角附近收缩。前翅除翅尖端外，其他部分都是暗褐色，后翅基部暗褐色，外横线波纹状，在翅下角附近向外弯曲成圆环，末端无明显的边缘，在翅后角与外缘线相遇。

黑点蚀叶野螟成虫

三纹啮齿野螟 *Omiodes tristrialis* (Bremer)

三纹啮齿野螟成虫

翅展 25~32mm。体翅背面褐色至暗褐色。额黄白色，具 3 条暗褐色纵纹，中间 1 条较粗；腹部各节后缘白色或色浅；前翅中室端斑新月形，黑褐色，中室的圆斑黑褐色，小；外线黑褐色，中段 1/3 外凸，后 1/3 位于中室端斑的下方；缘线黑褐色。后翅的外线与前翅相似。

楸蠹野螟 *Sinomphisa plagialis* (Wilenman)

翅展 33mm 左右。头圆、褐色。下唇须前伸，第 3 节裸露；触角粗大。胸、腹部淡褐色、粗壮。翅白色，翅脉黑色。前翅亚基线黑褐色、锯齿状、双重平行，内横线黑褐色，中室内有一黑点，中室端脉斑黑褐色、肾状，中室下黑褐色，外横线及亚外缘线黑褐色、波纹状、弯曲，两线中部向外突出成角，并在臀角附近连接。后翅从中室端向后缘伸出黑色中横线，外横线及亚外缘线与前翅同。两翅缘毛白色。

楸蠹野螟成虫

亚洲玉米螟 *Ostrinia furnacahs* (Guenée)

翅展 25~35mm。雄蛾：头、胸、前翅黄褐色，胸部背面淡黄褐色；前翅内横线褐色波纹状，内侧黄褐色，基部褐色，外横线暗褐色锯齿状，外侧黄褐色，再向外有褐色带与外缘平行，内横线与外横线之间褐色，缘毛内侧褐色外侧白色。后翅淡褐色，中央有一浅色宽带，近外缘有黄褐色带。雌蛾：前翅鲜黄色，翅基 2/3 部位有棕色条纹，及一褐色波纹状线，外侧有黄色锯齿状线，向外有黄色锯齿状斑，再外有黄褐色斑。

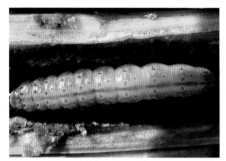

亚洲玉米螟幼虫　　　　　亚洲玉米螟雌成虫　　　　　亚洲玉米螟雄成虫

款冬玉米螟 *Ostrinia scapulalis* (Walker)

翅展 22~33mm。体翅颜色有变化，额两侧具乳白色纵条纹；雄蛾前翅浅褐色，中部褐色，外线前半部齿形外突，外缘带褐色，内缘锯齿状；雌蛾前翅浅黄色或黄色，翅面斑纹褐色。中足胫节粗大，为后足胫节的 2 倍粗。

款冬玉米螟雌成虫　　　　　款冬玉米螟雄成虫

克什秆野螟 *Ostrinia kasmirica* (Moore)

翅展 24~32mm。头顶枯黄色；额黄褐色，两侧有不明显的浅黄色纵条纹；触角黄褐色。前翅浅黄色到黄色，不均匀散布有褐色鳞片，有时掺杂有红色鳞片，斑纹褐色；前缘褐色；内横线圆齿状；中室斑大而圆，中室端斑直，两者之间形成黄色方斑；中室端斑与外横线之间有不规则的大斑；外横线锯齿状，与外缘平行；亚端缘线内缘锯齿状。后翅褐色。

克什秆野螟成虫

白蜡绢须野螟 *Palpita nigropunctalis* (Bremer)

白蜡绢须野螟成虫

翅展28~30mm。乳白色带闪光。头部白色，额棕黄色，头顶黄褐色；下唇须第2节白色，第3节棕黄色。领片及翅基片白色，胸部与腹部皆白色，翅白色半透明有光泽。前翅前缘有黄褐色带，中室内靠近上缘有两个小黑斑，中室内有新月状黑纹，2A及Cu_2脉间各有一黑点，翅外缘内侧有间断暗灰色线，缘毛白色。后翅中室端有黑色斜斑纹，亚缘线暗褐色，中室下方有一黑点，各脉之间有黑点，缘毛白色。

三条扇野螟 *Pleuroptya chlorophanta* (Butler)

三条扇野螟成虫

翅展25~28mm。体翅背面黄色。前翅中室端斑稍弯曲，黑褐色，中室的圆斑或明显，或减弱或消失，外线黑褐色，中段1/3外凸，后1/3位于中室端斑的下方；缘线黑褐色。后翅的外缘与前翅的相似。

四目扇野螟 *Pleuroptya inferior* (Hampson)

四目扇野螟成虫

翅展33~37mm。头部淡黑色，两侧有白色细条。触角淡黑褐色；下唇须向上伸，下侧白色，其余黑色；胸部背面中央黑褐色，肩片及腹部两侧白色。前翅有4个白色闪光的白斑，中间两个大，近顶角的一个小，由小斑向后延伸出5个排列成弧形的小白点，其余翅面均黑褐色。臀角部分的缘毛白色。后翅仅外缘黑褐色，其余白色。

水稻切叶野螟 *Herpetogramma licarsisalis* (Walker)

翅展 22~24mm。体暗褐色。下唇须下侧白色，上部暗褐色，向前方平伸，第 1 节短小，位于第 2 节上面，被第 2 节鳞片所遮蔽，从侧面不易见到。前翅内横线暗黑褐色向外弯曲，中室内有一个黑斑，中室端脉有一黑褐色斑，外横线暗褐色弯曲，细锯齿状，在中室下角之间向外弯而后又向内收缩。后翅中室有一暗褐色斑，外横线不明显，弯曲如锯齿状，亚外缘线暗褐色，细锯齿状。

水稻切叶野螟成虫

豹纹卷野螟 *Pycnarmon pantherata* (Butler)

翅展 21~26mm。头部及触角淡褐色。下唇须接近白色，向上弯曲，末节尖细，第 2 节基部后方有黑褐色纹。胸部及腹部背面有褐色与黑褐色鳞片，腹面浅白褐色。前翅暗褐色，基部有深黑褐色斑点，中室白色透明有闪光，中室中央有一褐缘黄斑，中室外侧有一方形黄斑，四周镶黑边，小室端脉到外缘线有白色透明半圆形斑，外缘线暗褐色较宽，缘毛褐色。后翅暗褐色，内横线模糊，缘毛褐色。

豹纹卷野螟成虫

白缘苇野螟成虫

白缘苇野螟 *Sclerocona acutella* (Eversmann)

翅展 20.5~25mm。头部黄色，前额突出，左右两侧有白条纹。触角浅黄白色。下唇须基部白色，上侧暗褐色，末节向前伸；胸及腹部背面黄褐色，腹面接近白色。翅黄色；前翅橙黄色，翅脉淡白色，前缘白色边缘，缘毛白色；后翅淡黄色，无显著脉纹，沿外橙黄色，缘毛白色。足白色，稍带黄褐色。

曲纹卷叶野螟 *Sylepte segnalis* (Leech)

翅展 18~28mm。体褐色至暗褐色。头顶褐色；触角暗褐色闪光；下唇须基半部白色，端半部暗褐色，末端裸露；下颚须末端暗褐色。领片褐色至黑褐色；翅基片淡褐色；胸部、腹部背面褐色至暗褐色，腹部各节后缘白色；胸部、腹部腹面及足黄白色。前翅中室内有一近方形的白斑，中室端斑黑褐色；前中线白色；后中线波纹状，CuA_2 脉后向内弯曲达中室端斑下方。后翅后中线白色波状。前、后翅缘毛基部暗褐色，端部白色。

曲纹卷叶野螟成虫

台湾卷叶野螟 *Syllepte taiwanalis* Shibuya

翅展 34mm 左右。额褐色，两侧有淡色线；下唇须下侧白色，其他黑褐色；触角褐色。胸背、腹背褐色，腹面白色。前翅茶褐色，中室基部下侧有一淡黄色斑纹，中室中部及下侧、中室端脉外侧各有一长方形淡黄色斑纹，中室下侧有 4 个并排的长方形黄色斑纹，靠翅外缘另有一椭圆形淡黄色斑纹。后翅基部淡黄色，有一褐色斑纹，靠近翅外缘有 3 个方形黄斑，外缘中部另有一长方形黄色斑纹。两翅缘毛暗褐色。

台湾卷叶野螟成虫

弯齿柔野螟 *Tenerobotys subfumalis* Munroe et Mutuura

翅展 16~19mm。额黄色，两侧有乳白色纵条；头顶浅黄色。下唇须背面深黄色；下颚须深黄色；触角黄褐色。胸部背面黄色。前翅黄色，前中线褐色，略向外倾斜，达 1A 脉后略向内倾斜；中室圆斑浅褐色，位于中室基部 3/4 处；中室端脉斑褐色，略弯；后中线褐色，呈弧形。后翅浅黄色，后中线褐色，与外缘略平行，在 CuA_1 脉后向内折至 CuA_2 脉中部，达后缘近臀角处。缘毛褐色。足乳白色；前足基节外侧浅褐色，腿节外侧黑褐色；中足胫节外侧基部黄色。腹部黄色，各节后缘白色；腹面乳白色。

弯齿柔野螟成虫

锈黄缨突野螟 *Udea ferrugalis* (Hübner)

翅展 16~19mm。底色锈黄色。头部灰褐带黄色，两侧有白条纹；额倾斜。前翅暗黄锈色，翅中部有一条不明显灰色横线，中室外有深褐色斑。后翅灰褐色、中室下方有一深褐色斑，翅外缘有一排黑点。

锈黄缨突野螟成虫

水螟亚科 Nymphulinae

小筒水螟 *Parapoynx diminutalis* Snellen

小筒水螟成虫

翅展 14~20mm。头顶黄白色，有褐色带。前翅基线、亚基线为一模糊的斜斑；内横线宽，斜向后缘；中室端脉月斑在中室前、后形成 2 黑斑；外横线宽，后部色深，外横区几乎与外横线平行；亚缘线细，平行于外缘，缘毛土黄色，基部白色。

波纹蛾科 Thyatiridae

浩波纹蛾 *Habrosyna derasa* Linnaeus

翅展约 45mm。头部黄棕色，有白色斑，颈板红褐色，胸部黄棕色，有白色和黄色纹。前翅浅棕灰色，中部黄红褐色，前缘白色，基部亚中褶上有 1 由白色竖鳞组成的斜纹，有丝样光泽，内线白色，成 45° 角外斜，内线外侧有 3~4 条赤褐色微弯曲的斜线，后半部模糊，外线在 M_1 脉与 2A 脉间有四条赤褐色和白色 "Z" 字形折曲的线，环纹和肾纹赤褐色，白色边，肾纹中央有 1 白色短纹，亚端线为白色带，从顶角内弯至臀角，前端加宽，端线为 1 列新月形白斑，缘毛黄棕色与白色相间。后翅暗浅褐色，缘毛白色。

浩波纹蛾成虫

钩蛾总科 Drepanoidea

钩蛾科 Drepanidae

三线钩蛾 *Pseudalbara parvula* (Leech)

翅展18~22mm。体翅类褐色，触角黄褐色，雄蛾栉齿状，雌蛾丝状；前翅灰紫褐色，具3条深褐色斜纹，内2条明显，中室端有2个灰白色小点；翅顶角尖，向外突出，内方有1灰白色新月眼形斑。

三线钩蛾成虫

双带钩蛾 *Nordostromia japonica* (Moore)

翅展26~32mm。体灰褐色，触角灰黑色。前翅前缘红黄褐色，从前缘到后缘有两条紫褐色斜带，中室端沿脉纹有"M"形的褐色纹，缘毛深褐色；后翅前缘色淡，灰白色，条纹与前翅相同。有个别个体呈黄褐色。

双带钩蛾成虫

栎距钩蛾 *Agnidra scabiosa fixseni* (Bryk)

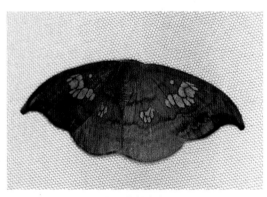

翅展15~18mm。体茶褐色。前翅灰黄褐色；内、中及外横线均不明显；亚外缘线灰褐色，波浪形较明显；在中横线附近有1条宽灰白色散斑，约由8个椭圆点组成；中室内有白点。后翅灰黄褐色；中横线附近有较前翅小的灰白色散斑。

栎距钩蛾成虫

尺蛾总科 Gemetroidea

尺蛾科 Geometridae

黄星尺蛾 *Arichanna melanaria fraterna* (Butler)

体长 14mm 左右，翅展 38~40mm。头胸黄褐色；腹部黄灰色；背中及两侧各有黑斑 1 列。前翅灰白色，前缘黄色具黑纹；翅基有不规则黑斑 2 个；内线处有 2 列黑斑；中线、外线均由黑斑组成，弯曲内斜；亚端线、端线各由 1 列椭圆形黑斑组成；缘毛黑黄相间。后翅黄色；翅基有不规则小黑斑数块；翅中有 1 个圆斑较大；外线前半段为 1 条黑带，后半段由不规则小黑斑组成；亚端线由大小相间的椭圆形黑斑组成；端线有 1 列黑斑；缘毛黑黄相间。

黄星尺蛾成虫

大造桥虫 *Ascotis selenaria* Deniset Schifermüler

体长 15mm 左右，翅展 32~43mm。该虫体翅颜色变化较大，一般为浅灰褐色。头部棕褐色；下唇须灰褐色；触角黄褐色。前翅外缘有黑褐色点列，缘毛短而密，灰褐色；亚端线为褐色宽带；外线锯齿状，黑褐色；内线呈暗褐色带；中室有明显黑褐色星斑。后翅外缘波状，黑褐色，缘毛较前翅的长；亚端线为褐色宽带；外线波状，黑褐色；内线模糊不清；中室有黑褐色星点。翅反面灰白色，满布褐色小点，中室星点和外线清晰。

大造桥虫幼虫

大造桥虫成虫

大造桥虫成虫

杉霜尺蛾 *Alcis repandata* (Linnaeus)

又名：桦霜尺蛾。

前翅展 22~23mm。体翅灰褐色，有焦褐色斑。内线、中线均弧形波曲，中室端有黑褐色长形小斑；外线灰白色，中部向内弯曲，凹处有黑褐色大斑；中线和外线间色浅，呈灰白色；亚端线灰白色波曲，端线黑色波状清楚。后翅中线较清楚，内线、外线和亚端线不清楚，端线黑色波状清楚，中室端有黑褐点。腹部背面基部白色，其余各节有黑褐边。

杉霜尺蛾成虫

丝绵木金星尺蛾 *Abraxas suspecta* Warren

翅展 44mm 左右。体橙黄色有黑斑。翅底银白色，多灰褐色斑纹。前翅外缘成 1 列连续的淡灰色纹，外横线成 1 列淡灰色斑，上端分二叉，下端有 1 红褐色大斑；中线不成列，上端有 1 大斑，中有 1 圆形斑；翅基有黄褐色花斑。后翅斑纹较少。翅斑在个体间有变异。

丝绵木金星尺蛾幼虫

丝绵木金星尺蛾成虫

李尺蛾 *Angerona prunaria* (Linnaeus)

李尺蛾成虫

翅展 45~52mm。体、翅颜色变异较大，从浅灰色到橙黄色、暗褐色；翅面上满布暗褐色横向碎细条纹。头部土黄色；喙黄褐色；下唇须不发达，黄白色。前翅外缘细直，金黄色；缘毛较短，黄白色，脉端缘毛褐色；中室有 1 条较粗的黑褐色横纹。后翅外缘波状，金黄色；缘毛黄白色，脉端缘毛褐色；中室黑褐色横纹较前翅的细短。翅反面颜色稍浅，中室黑褐色横纹清晰。

掌尺蛾 *Buzura recursaria superans* Butler

翅展 60mm 左右。体、翅深灰褐色。雄蛾触角单栉齿形，末端近 1/4 无栉齿，雌蛾线形。前翅基部内横线深褐色；前缘从外横线至顶角有 1 深褐色掌形斑；前、后翅中点较大灰褐色；外横线深褐色锯齿形，前后翅对接；亚缘线色浅锯齿状；缘线深灰褐色。

掌尺蛾成虫

安仿锈腰尺蛾 *Chlorissa anadema* (Prout)

翅展 11mm。雄蛾触角纤毛状；额及下唇须褐色；头顶褐色，略带紫色。胸部背面绿色。翅绿色；前翅顶角钝，后翅顶角圆；两翅外缘光滑，后翅外缘在 M_1 脉端无凸起，后缘延长。前翅前缘黄色散布少量褐色斑点；内外线白色，内线外侧和外线内侧伴有暗灰黄绿色；无缘线；缘毛绿色，长。后翅中点、外线、缘线、缘毛同前翅。翅反面较正面色浅，无斑纹。

安仿锈腰尺蛾成虫

褐纹绿尺蛾 *Comibaena amoenaria* (Oberthür)

翅展 22~31mm。体背及翅面淡绿色，头顶、颈板及腹背近基部有时白色，前翅具内外 2 条横线，不甚清晰，前后翅中点深褐色，明显；前翅臀角处具 2 个深褐色斑纹，后翅顶角处具 2 个深褐色斑纹，有时缘线具黑褐色斑点。

褐纹绿尺蛾成虫

枞灰尺蛾 *Deileptenia ribeata* Clerck

体长约 17mm，翅展约 46mm。体色灰白。前、后翅内、中、外横线暗褐色明显，其前缘处扩大成暗斑；外横线与内横线间色较白，有微细污点；中室端星点可见。

枞灰尺蛾成虫

刺槐外斑尺蠖 *Ectropis excellens* (Butler)

翅展 32~50mm。体翅灰褐色，腹部第 2~3 节上常常具 2 对黑褐色毛丛。翅面散布褐色斑点，多条横线常常不明显，外横线中部外侧常常具 1 个近圆形的黑褐斑，缘线呈 1 列黑褐色条斑，缘毛与翅面同色。翅颜色、斑纹与前翅相近，无圆形斑。

刺槐外斑尺蠖幼虫

刺槐外斑尺蠖成虫

直脉青尺蛾 *Geometra valida* Felder et Rogenhofer

直脉青尺蛾成虫

体长约 15mm，翅展约 55mm。体黄白色。翅绿色，前翅前线白色，内横线白色，细，较直，外横线直，内斜，从前缘向下逐渐加粗，中点浅褐色，顶角稍尖，下方较凸，外缘中部有 1 个外突。后翅外横线直、粗，与前翅外横线对应。前、后翅亚缘线白色波浪状，缘线锯齿状。

麻尖尾尺蛾 *Maxates albistrigata* Warren

白条尖尾尺蛾 *Gelasma albistrigata* Warren 为其异名。

翅展：雄蛾 17~18mm，雌蛾 17~20mm。雄触角基部 2/3 双栉形，内外栉齿长度相当；雌触角线形。额暗红褐色，不凸出。下唇须暗红褐色，约 1/4 伸出额外。头顶前半部白色，后半部灰绿色。胸腹部背面灰绿色。前翅顶角钝，外缘圆；后翅尾突极小，顶角圆。翅面淡灰绿色，带黄绿色调。前翅前缘极窄黄褐色；前后翅内线模糊，中线清晰；缘毛灰绿色至灰褐色。

麻尖尾尺蛾成虫

粉无缰青尺蛾 *Hemistola dijuncta* (Walker)

翅展：雄蛾 18mm；雌蛾 20mm。额及下唇须深红褐色，头顶前半部白色，后半部蓝绿色。胸部背面蓝绿色。翅面蓝绿色。前翅外缘圆滑；前缘黄褐色；内线白色，弧形弯曲，在近前缘处消失，隐约可见外侧的暗绿色阴影；外线白色，在前缘处消失，在 M_3 上方略外凸，在 M_3 下方略内凹，在翅脉上略向外凸出微小尖齿，内侧有隐约可见的暗绿色阴影；缘毛黄白色，在脉端杂褐色。后翅前缘和后缘几乎相当，外缘弧形浅波曲，在 M_3 端凸出 1 尖角；外线白色，从前缘中部至后缘中部，中间略外凸，内侧有暗绿色阴影。

粉无缰青尺蛾成虫

蝶青尺蛾 *Hipparchus papilionaria* Linnaeus

翅展 27~30mm。头、胸、下唇须和翅均绿色或草绿色。触角黄色；前后翅均有白色波状很细的内线、外线和亚端线；中室端有深绿色的斑纹；外缘波状。后翅更明显。翅反面翠绿色，前翅外线以内颜色较深。腹基部绿色，向后端渐变黄色，端部白色；足基节、腿节绿色，其余黄色。

蝶青尺蛾成虫

暮尘尺蛾 *Hypomecis roboraria* (Denis et Schiffermüller)

翅展 19~32mm。雄蛾触角双栉状，端部线状，雌蛾触角线状。体色、斑纹有变化，体翅灰白至灰褐色，散布褐至黑褐点，外线黑褐色，锯齿形，在近后缘常与中线相接，此后常形成 1 黑褐色斑；亚端线波状，灰白色，两侧衬黑褐带；后翅内线较宽直，外线锯齿弯曲，亚端线和外缘同前翅。

暮尘尺蛾成虫

雀水尺蛾 *Hydrelia nisaria* (Christoph)

翅展 13~16mm。头顶至第 1 腹节深灰褐色，第 2 腹节后灰白色，杂有深灰褐色毛。前翅基部至外线深褐色至黑褐色，中线和外线黄褐色，基间翅脉呈黑短条纹；中点黑色，椭圆形；中线中部凸出；翅端部白色，具不完整的灰色带；缘线具 1 列黑色短线；缘毛灰色，间有白毛。后翅白色，有 3~4 条深色波线和黑色中点；翅端部斑纹同前翅。

雀水尺蛾成虫

葡萄洄纹尺蛾 *Lygris ludovicaria* Oberthür

葡萄洄纹尺蛾成虫

翅展21~32mm。头、胸、腹和翅均粉白色。触角棕褐色，胸、腹背面有2列棕色小点。前翅上有棕色洄纹，后缘基部散有黄色鳞片，臀角处有杏黄色及灰蓝色斑纹，端线很细，棕色，缘毛棕色。后翅臀角处有大片杏黄色和棕色斑纹，端线很细、棕色，缘毛白色，脉端缘毛棕色，中室上的棕色点翅反面比正面清晰。

小红姬尺蛾 *Idaea muricata* (Hufnagel)

小红姬尺蛾成虫

翅展9mm。体背桃红色，头额部、触角及足黄白色。翅桃红色，外缘及缘毛黄色，前翅基部及后翅中部各具黄色大斑，前翅中部具2个黄斑，近外缘具暗褐色横线，有时不明显。

毛足姬尺蛾 *Idaea biselata* (Hufnagel)

毛足姬尺蛾成虫

翅展14~19mm。体土黄色，前翅具内、中、外横线，其中外线锯齿形，明显，外侧常具褐色云纹，中室上方具褐色小圆点，缘毛土黄色，具褐点；后翅与前翅相近，内横线不明显。

枯黄贡尺蛾 *Odontopera arida* (Butler)

翅展 42~49mm。体土黄色 (有时较深)，翅上散布灰褐色鳞斑，前翅中室端具灰褐色圆点，中心灰白色，外缘灰褐色，锯齿形，共 3 齿，越向后越大。

枯黄贡尺蛾成虫

泛尺蛾 *Orthonama obstipata* (Fabricius)

翅展 16~23mm。雌雄体色灰黄褐色至灰褐色。雄翅灰黄褐色，前翅中部有 1 条宽显灰黑色带，其上中部外凸，中点黑色椭圆形，周围有白圈，顶角有斜的黑褐色条，亚基线、内线、外线、亚缘线均为灰褐色波纹状。后翅内线、中线、外线深色，亚缘线白色深波状。雌翅灰红褐色至暗红褐色，前翅亚基线、内线、外线、亚缘线均灰白色波状。后翅内线、中线、外线黑灰色。

泛尺蛾成虫

锯线尺蛾 *Phthonosema serratilinearia* (Leech)

翅展：雄蛾 25~31mm，雌蛾 38mm。雄蛾触角双栉形，端部无栉齿部分长，约为总长的 1/3 ；前翅灰色，中线可辨，在后缘处稍接近外线；外线深锯齿状，齿尖尖锐；前翅内线内侧和外线外侧黄褐色明显，并常在外线外侧近后缘处形成 1 个鲜明的黄褐色斑；缘线为 1 列黑点，有时消失。

锯线尺蛾成虫

桑尺蛾 *Phthonandria atrilineata* (Butler)

翅展40~47mm。体翅黄褐色，翅具黑褐色短纹，色斑变化大。前翅有2条细黑色横线，外横线由后缘中部斜向翅尖而折至前缘，内横线与之略平行在中室端折向前缘。后翅黑色外横线较直，其他横线不显，具较多褐色纹，翅外缘波状。

桑尺蛾成虫

苹烟尺蛾 *Phthonosema tendinosarium* (Bremer)

翅展约58mm。雄蛾触角双栉齿状，雌蛾触角丝状。翅灰褐色，具茶褐色内、外横线，中线不明显，或端室处具1个茶褐色斑，翅基及臀角外明显带红褐色斑纹，有时不明显。

苹烟尺蛾成虫

锯纹粉尺蛾 *Pingasa secreta* Inoue

雄蛾翅展25mm。下唇须腹面白色，背面土灰色。头顶黄白色。胸部背面前缘大部分土灰色，其余部分白色杂黄褐色。翅面白色散布灰褐色、红褐色鳞片。前翅前缘多灰褐色；内线波曲，红褐色杂灰褐色，具2个圆滑大波；中点灰褐色条状，细长，中间有间断；外线锯齿形，红褐色杂灰褐色；内、外线均在前缘处形成1较粗的黑褐色斑；内线内侧翅面白色散布灰褐色鳞片；内线和外线之间灰褐色鳞片较淡，杂少量红褐色鳞片；外线外侧灰褐色和红褐色相杂；亚缘线白色锯齿形。后翅基本同前翅。

锯纹粉尺蛾成虫

槐尺蛾 *Chiasmia cinerearia* (Bremer et Grey)

翅展 39~43mm 。触角黄褐色，丝状。体、翅灰白色、黄褐色至灰褐色，满布褐色点。头黄褐色；下唇须灰褐色。前翅外线黑褐色，双线，上端形成 1 个三角形黑褐色斑；中线、内线褐色，弯曲；中线和外线间色浅，外线以外色深。后翅外缘锯齿形，黄褐色，M_3 脉端明显突出成尖角；外线褐色，双线；内线褐色，较细；中室端有 1 个黑色小斑；外线外侧有黑褐色云斑。

槐尺蛾幼虫　　　　　　　　　　　　　槐尺蛾成虫

波翅青尺蛾东方亚种 *Thalera fimbrialis chlorosaria* Graeser

翅展 14~12mm 。翅粉青色，前翅 2 条白线清晰，外线成 1 直线，微有曲波，缘毛白色有赤点。后翅只外线清晰，外缘有 1 凹口，外缘线赤色，白缘毛上有赤点。

波翅青尺蛾东方亚种成虫

曲紫线尺蛾 *Timandra comptaria* (Walker)

翅展 24~28mm。头顶有白鳞毛，体、翅污黄色，翅上散布褐色雀斑。前翅顶角有 1 条紫线斜伸至后缘中部，外侧 1 条细波浪褐纹，中室端有竖三角形黑纹，缘线紫色。后翅中部 1 条紫线与前翅对应，外侧 1 条细波线与前翅对应，M_3 脉端延伸呈角突，缘线紫色。

曲紫线尺蛾成虫

紫线尺蛾 *Timandra recompta* (Prout)

紫线尺蛾成虫

翅展 20~25mm，与曲紫线尺蛾相近，但前后翅中部的斜线、缘线及缘毛紫红色。

锯俄带尺蛾 *Viidaleppia serrataria* (Prout)

翅展：雄蛾 5mm，雌蛾 5~16mm。体和翅污白色至污黄色，斑纹黄褐色，略带灰褐色调。

锯俄带尺蛾成虫

前翅较短，顶角钝圆；亚基线内侧和中线与外线之间各形成深色基斑和中带，中带内具大而清晰的深褐色中点；亚基线锯齿状，中线与外线波状，其中外线在中部十分凸出；亚基线与中线之间散布少量灰黄褐色；外线外侧至翅端部颜色逐渐加深，白色锯齿状亚缘线粗壮清晰；缘线处有时可见不连续的深色小点，缘毛与翅面同色。后翅白色，隐见灰色中点；翅端部散布少量黄褐色，缘线同前翅。

红双线兔尺蛾 *Hyperythra obliqua* (Warren)

体长 14mm 左右，翅展 33~39mm。体、翅污黄色。翅面上满布浅桃红色碎纹。前、后翅的外缘均呈锯齿状，缘毛桃红色；中部各有 2 条浅桃红色的斜线；外斜线外侧和内斜线内侧均有浅桃红色的云斑。后翅两斜线间宽于前翅，后缘毛黄白色。翅反面鲜黄色，线纹清晰。

红双线兔尺蛾成虫

燕蛾科 Uraniidae

斜线燕蛾 *Acropteris iphiata* (Guenée)

斜线燕蛾成虫

翅展 25~32mm。翅银白色，顶角略尖，具锈色斑，由此多条褐色纹伸达翅后缘，缘毛褐色至黑褐色。

夜蛾总科 Noctuoidea

毒蛾科 Lymantriidae

侧柏毒蛾 *Parocneria furva* (Leech)

翅展：雄蛾 20~27mm，雌蛾 26~34mm。雄蛾体和翅棕黑色；前翅斑纹黑色，纤细，不显著，内线在中室后方 Cu_2 脉处向外折角，外线与亚端线锯齿状折曲，在 M_1 脉后方和 Cu_2 脉后方向内折角明显，其周围呈灰白色，缘毛棕黑色与灰色相间。雌蛾色较浅，微透明，斑纹清晰。

侧柏毒蛾成虫

幻带黄毒蛾 *Euproctis varians* (Walker)

翅展：雄蛾约 18mm，雌蛾约 30mm。体橙黄色。翅黄色，内线和外线黄白色，近平行，外弯，两线间色较浓；后翅浅黄色。

幻带黄毒蛾成虫

折带黄毒蛾 *Euproctis flava* (Bremer)

折带黄毒蛾成虫

翅展：雄蛾 25~33mm，雌蛾 35~42mm。体浅橙黄色。前翅黄色，内线和外线浅黄色，从前缘外斜至中室后缘，折角后内斜，两线间布棕褐色鳞片，形成折带，翅顶区有 2 个棕褐色圆点，缘毛浅黄色；后翅黄色，基部色浅。

豆盗毒蛾 *Euproctis piperita* Oberthür

又名并点黄毒蛾。

翅展：雄蛾 25~ 30mm，雌蛾 30~35mm。体和前翅柠檬黄色，从基部到亚外缘有 1 不规则形棕色大斑，上散布黑褐色鳞，在翅顶有 2 个棕色小斑，后缘中央有黑色长毛；后翅浅黄色。

豆盗毒蛾成虫背面

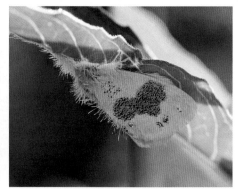

豆盗毒蛾成虫侧面

戟盗毒蛾 *Euproctis pulverea* (Leech)

翅展：雄蛾 20~22mm，雌蛾 30~33mm。头部橙黄色，胸部灰棕色，腹部灰棕色带黄色。前翅赤褐色布黑色鳞片，前缘和外缘黄色，赤褐色部分在 R_5 脉与 M_1 脉间和 M_3 脉与 Cu_1 脉间向外突出，赤褐色部分外缘带银白色斑，近翅顶有 1 棕色带银色小点，内线黄色，不清楚。后翅黄色，基半部棕色。

戟盗毒蛾幼虫

戟盗毒蛾成虫

肘纹毒蛾 *Lymantria bantaizana* Matsumura

翅展：雄蛾 32~42mm，雌蛾 50~60mm。体灰褐色，略带黑褐色。前翅褐白色，布黑褐色鳞，斑纹黑褐色，内线外斜，前半清晰，横脉纹角形，外线和亚端线波浪形，肘脉基部有 1 纵纹，缘毛浅褐色与深褐色相间；后翅褐白色，外缘浅褐色。

肘纹毒蛾成虫

舞毒蛾 *Lymantria dispar* (Linnaeus)

翅展：雄蛾 40~55mm，雌蛾 55~75mm。雄蛾体褐棕色；前翅浅黄色布褐棕色鳞，斑纹黑褐色，基部有黑褐色点，中室中央有 1 黑点，横脉纹弯月形，内线、中线波浪形折曲，外线和亚端线锯齿形折曲，亚端线以外色较浓。后翅黄棕色，横脉纹向外缘色暗，缘毛棕黄色。雌蛾体和翅黄白色微带棕色，斑纹黑棕色。后翅横脉纹和亚端线棕色，端线为 1 列棕色小点。

舞毒蛾幼虫

舞毒蛾幼虫

舞毒蛾蛹

舞毒蛾雌成虫与卵

舞毒蛾雄成虫

栎毒蛾 *Lymantria mathura* Moore

又名栎舞毒蛾。

翅展：雄蛾约 50mm，雌蛾约 80mm。雄蛾头部黑褐色，胸部和足浅橙黄色有黑褐色斑；腹部暗橙黄色，两侧微带红色，背面和两侧在节间有黑褐色斑。前翅灰白色，密布黑褐色斑纹，内线和中线为折曲状宽带，中室中央有 1 圆斑，横脉纹新月形，外线和亚端线由新月形斑组成，端线由一列嵌在脉间的小点组成。后翅暗橙黄色，横脉纹褐色，亚端线为 1 条褐色斑带。雌蛾体灰白色暗带浅粉红色，有红色和黑色斑点；前翅灰白色，基部有红色和黑色斑，斑纹棕褐色，内线和中线波浪形折曲，横脉纹前方有 1 半圆形环，横脉纹新月形，外线和亚端线锯齿形，端线由 1 列嵌在脉间的点组成，缘毛粉红色，脉间棕褐色。后翅浅粉红色，前半微暗，横脉纹灰褐色，亚端线为 1 灰褐色宽带，端线由 1 列灰褐色点组成，缘毛粉红色与黑褐色相间。

栎毒蛾雄成虫

栎毒蛾幼虫

栎毒蛾蛹

栎毒蛾雌成虫与卵

肾毒蛾 *Cifuna locuples* Walker

肾毒蛾成虫

翅展：雄蛾 34~40mm，雌蛾 45~50mm。头部和胸部深黄褐色，腹部褐黄色，后胸和第 2、3 腹节背面各有 1 黑色短毛丛。前翅内区前半褐色，布白色鳞片，后半部黄色，内线为 1 褐色宽带，带内侧衬白色细线，横脉纹肾形，褐黄色，深褐色边，外线深褐色，微向外弯，中区前半褐黄色，后半褐色布白色鳞片，亚端线深褐色，在 R_5 脉与 Cu_1 脉处外突，外线与亚端线间黄褐色，前端色浅，端线深褐色衬白色，在臀角处内突，缘毛深褐色与黄褐色相间。后翅淡黄色带褐色，横脉纹、端线色较暗，缘毛黄褐色。雌蛾比雄蛾色暗。

盗毒蛾 *Porthesia similis* (Fueszly)

又名金毛虫，桑毛虫。

翅展：雄蛾 30~40mm，雌蛾 35~45mm。触角干白色，栉齿棕黄色；下唇须白色，外侧黑褐色：头部、胸部和腹部基部白色微带黄色，腹部其余部分和肛毛簇黄色。前、后翅白色，前翅后缘有 2 个褐色斑，有的个体内侧褐色斑不明显。

盗毒蛾幼虫

盗毒蛾成虫

夜蛾科 Noctuidae

隐金夜蛾 *Abrostola triplasia* (Linnaeus)

翅展 31~36mm。身体褐色，额有 1 黑色横纹，下唇须第 2 节外侧有 1 黑色纵纹。前翅灰褐色，内线内侧淡褐色，内线与外线黑褐色，内线内侧及外线外侧各 1 棕褐色线，环纹、肾纹黑边，其后 1 黑边暗圆斑，亚端线淡褐色锯齿形，端线黑色后翅黄褐色，外半色暗。

隐金夜蛾成虫

两色绮夜蛾 *Acontia bicolora* Leech

翅展 20mm 左右。雄蛾头部及胸部褐黄色；腹部暗褐色。前翅外线以内黄色，外线外方褐色；外线自前缘近顶角处内斜至 6 脉，折向内至中室顶角再折向后至后缘中部；后翅灰褐色。雌蛾全体暗褐色，前翅基部有少许黄色，前缘区中部有 1 外斜黄色斑，外区前缘有 1 三角形黄色斑，翅外缘有隐约的黄色纹；后翅缘毛端部淡黄色。

两色绮夜蛾成虫背面　　　　　　　　两色绮夜蛾成虫侧面

尘剑纹夜蛾 *Acronicta pulverosa* (Hampson)

翅展 36mm。头、胸及前翅灰白色带褐色。前翅基线、内横线及外横线均双线黑色，剑纹为黑纵条，环形纹、肾形纹白色黑边，亚中褶端部具 1 黑纵条，亚端线不明显，内侧色暗，后翅浅褐色。腹部褐色。

尘剑纹夜蛾成虫

光剑纹夜蛾 *Acronicta adaucta* (Warren)

翅展 30~34mm。头胸及前翅灰褐色。前翅基部的剑纹黑色，具 2 个短分支，内线浅褐色，两侧具暗褐边，环纹灰白色黑边，中间具褐色斑，肾纹灰白色，内侧具黑边；外线锯齿形，灰白色，外侧具黑边；臀角的剑纹黑色，2 条剑纹间常具黑色纵纹，3 条纹呈直线。

光剑纹夜蛾成虫

威剑纹夜蛾 *Acronicta digna* (Butler)

翅展 38~40mm。前翅棕褐色，翅基部、中室中部及外线内侧亚中褶处色浅，形成明显的浅色斑纹；基线双线黑色，在中室后与 1 黑纹相遇；内线双线黑色，波浪形；环纹灰白色，中央 1 黑点，边缘黑色；肾纹黑褐色；中线为模糊宽带；外线双线黑色，线间白色，在中部锯齿状外突，亚端线白色、间断；端线为 1 列黑点。

威剑纹夜蛾成虫

桃剑纹夜蛾 *Acronicta intermedia* (Warren)

翅展 12mm 左右。头顶灰棕色，下唇须、颈板及翅基片外缘均有黑纹；腹部褐色。前翅灰色，基线仅在前缘脉处现 2 个黑条，基剑纹黑色，树枝形，内线双线暗褐色，波浪形外斜，环纹灰色，黑褐边，斜圆形，肾纹灰色，中央色较深，黑边，两纹之间有 1 黑线，中线褐色，翅前端明显，外线双线，外 1 线明显，锯齿形，在 5 脉及亚中褶处各有 1 黑色纵纹与之交叉，亚端线白色，不明显。后翅白色，外线微黑色，端区灰褐色。

桃剑纹夜蛾幼虫

桃剑纹夜蛾成虫

果剑纹夜蛾 *Acronicta strigosa* (Denis et Schiffermüller)

翅展 34mm 左右。头部及胸部暗灰色，头顶两侧及触角基部带灰白色，下唇须第 2 节有白斑，第 3 节黑色杂白色，腹部背面灰色微带暗色。前翅灰色，微带黑色，后缘区较黑，有明显的黑色基剑纹、中剑纹和端剑纹，基线双线黑色，内线黑色双线，波浪形外斜，环纹灰色黑边，肾纹灰白色，内侧黑色，前缘脉中部至肾纹有 1 黑色斜纹，外线双线黑色，线间灰白色，锯齿形，在亚中褶成 1 内凸角，端剑纹端部有 2 个白点，端线由 1 列黑点组成。后翅淡褐色。

果剑纹夜蛾幼虫

果剑纹夜蛾成虫

梨剑纹夜蛾 *Acronicta rumicis* (Linnaeus)

翅展 32~46mm。头部及胸部棕灰色杂黑白色，额棕灰色，有 1 黑条，腹部背面浅灰色带棕褐色，基部毛簇微带黑色。前翅暗棕色间以白色，基线为 1 黑色短粗条，末端曲向内线，内线双线黑色波曲，环纹灰褐色黑边，肾纹淡褐色，半月形，有 1 黑条从前缘脉达肾纹，外线双线黑色，锯齿形，在中脉处有 1 白色新月形纹，亚端线白色，端线白色，外侧有 1 列三角形黑斑，缘毛白褐色。后翅棕黄色，边缘较暗，缘毛白褐色。

梨剑纹夜蛾幼虫

梨剑纹夜蛾成虫

白斑烦夜蛾 *Aedia leucomelas* (Linnaeus)

白斑烦夜蛾成虫

翅展 33~35mm。头部及胸部黑棕色，颈板有 1 黑线，毛簇带褐色，腹部黑棕色带褐。前翅黑棕色带褐，基线黑色达亚中褶，内横线双线黑色波浪形，环纹白色，中央黑褐色，肾纹白色，中有黑圈，外侧分割为小白斑，后方有 1 白色斜斑，外方灰白色扩展至外横线，外横线黑色微锯齿形，亚端线白色锯齿形，内侧各脉间有 1 齿形黑纹，端线黑色。后翅基半部白色，后缘及外半部黑色，但顶角及臀角外缘毛白色。

小地老虎 Agrotis ipsilon (Hufnagel)

翅展 40~50mm。头部及胸部褐色至黑灰色，头顶有黑斑，颈板基部及中部各 1 黑色横纹。前翅棕褐色，前缘区较黑，基线双线黑色波浪形，内线双线黑色波浪形，剑纹小，暗褐色黑边，环纹小，扁圆形，黑边，肾纹黑边，外侧中部有 1 楔形黑色纹伸至外线，中线黑褐色波浪形，外线双线黑色锯齿形，齿尖在各脉上为黑点，亚端线灰白色，锯齿形，内侧 4~6 脉间有 2 条楔形黑色纹内伸至外线，外侧为 2 个黑点，端线为 1 列黑点。后翅白色，翅脉褐色。

小地老虎幼虫

小地老虎成虫

黄地老虎 Agrotis segetum (Denis et Schiffermüller)

翅展 39~42mm。头、胸黄褐色。前翅黄褐色，基线双线褐色；内线双线褐色波浪形，其中外侧一线较显著；剑纹小，不明显；环纹中心暗褐色，外衬黑边，圆形；肾纹棕褐色，衬黑边，较大；中室下角至翅后缘有 1 条褐黑色斜影；外线褐色锯齿形；亚端线褐色，外侧灰色；端线由 1 列脉间三角形黑点组成。

黄地老虎幼虫

黄地老虎雌成虫

黄地老虎雄成虫

旋歧夜蛾 *Discestra trifolii* (Hufnagel)

旋歧夜蛾成虫

翅展31~38mm。头、胸褐灰色。前翅灰带浅褐色，基横线、内横线及外横线均双线黑色，后者锯齿形，剑纹褐色，环纹灰黄色，肾纹灰色，均围黑边线，亚端线暗灰色，在 Cu_1、M_3 脉为大锯齿形，线内方 Cu_2-M_3 脉间有黑齿纹。后翅白色带污褐色。腹部黄褐色。

中桥夜蛾 *Anomis mesogona* (Walker)

中桥夜蛾成虫

翅展35~38mm。头部及胸部暗红褐色；腹部暗灰褐色。前翅暗红褐色，内线褐色，在中脉处折成外突齿，肾纹暗灰色，前后端各一黑圆点，外线褐色，前半波曲外弯，至3脉处内伸达肾纹后端，折角直线后垂，亚端线褐色波曲，内侧色较暗，亚端区及端区布有零星黑点，缘毛褐色，后翅褐色。

汉秀夜蛾 *Apamea hampsoni* Sugi

汉秀夜蛾成虫

翅展约42mm。头、胸褐色。前翅褐色部分带暗褐色，基横线、内横线及外横线均双线黑色，基横线、内横线波浪形，外横线锯齿形，剑纹不清晰，环纹、肾纹大，褐黄色，中横线模糊黑褐色，内横线、外横线间的亚中褶1黑色纵纹，亚端线浅黄色锯齿形，两侧褐色，端区黑褐色。后翅浅褐色，可见外横线与亚端线；腹部红褐色。

线委夜蛾 *Athetis lineosa* (Moore)

翅展 27~40mm。体背及前翅灰褐色至暗灰褐色。前翅内、外线黑褐色，细，内线稍波形，外线弧形，中线粗，模糊，中部外凸；中室内具1小黑点（环纹），肾纹白色，上方常有1小白点。

线委夜蛾成虫

帕委夜蛾 *Athetis pallidipennis* Sugi

翅展 27~29mm。前翅黄褐色，各横线明显，暗黄褐色；内横线细，大部分直；中横线暗褐色，较宽；外横线细，稍弧形弯；亚端线较宽，微波状，暗褐色，其外缘浅黄褐色。后翅浅黄褐色，端部颜色较暗。

帕委夜蛾成虫

二点委夜蛾 *Athetis lepigone* (Moschler)

翅展 20~28mm。体背及前翅灰白色至灰褐色。前翅具光泽，中室内的环纹为1横向的黑斑，肾形纹明显或不明显，其外侧常具1小白斑。后翅银灰色。

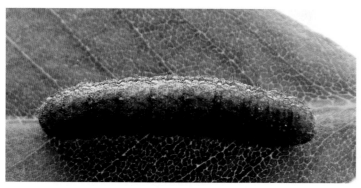

二点委夜蛾幼虫

二点委夜蛾成虫

朽木夜蛾 *Axylia putris* (Linnaeus)

朽木夜蛾成虫

翅展 28~30mm。头顶及颈板褐黄色，额及颈板端部黑色，下唇须褐黄色，下缘黑色；胸背赭黄色杂黑色；腹部暗褐色。前翅淡赭黄色，中区布有黑点，前缘区大部带黑色，基线双线黑色，中室基部有 2 条黄白纵线，内线双线黑色波浪形，环纹与肾纹中央黑色，外线双线黑色间断，外侧有双列黑点，端线为 1 列黑点，内侧中褶及亚中褶处各 1 个黑斑，缘毛有 1 列黑点。后翅淡褶黄色，端线为 1 列黑点。

齿斑畸夜蛾 *Bocula quadrilineata* (Walker)

翅展 28mm 左右。全体灰褐色。前翅各横线黑褐色，基线直，达亚中褶，内线直线内斜，中线双线内弯，外线微内弯，端区一大黑斑，约呈三角形，但前端成一短线。后翅色略深。

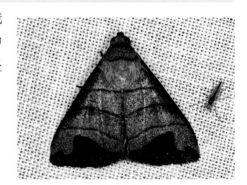

齿斑畸夜蛾成虫

张卜夜蛾 *Bomolocha rhombalis* (Guenée)

张卜夜蛾成虫

翅展 28~31mm。头部及胸部暗棕色，腹部棕色。前翅基部 1 棕线斜至 1 脉，外线斜并前伸至顶角，成 1 尖突再内斜，后端与翅基部斜线合，线内区域棕色，环纹及肾纹黑色，线外区域粉褐色，亚端线只现 1 列黑点，端线黑色。后翅褐色，横脉纹黑色。

平嘴壶夜蛾 *Calyptra lata* (Butler)

翅展 47mm 左右。头部及胸部灰褐色，下唇须下缘土黄色，端部成平截状，腹部灰褐色。前翅黄褐色带淡紫红色，有细裂纹，基线内斜至中室，内线微曲内斜至后缘基部，中线后半可见内斜，肾纹仅外缘明显深褐色，顶角至后缘凹陷处有 1 红棕色斜线，亚端区有 2 暗褐曲线，在翅脉上为黑点。后翅淡灰褐色，外线暗褐色，端区较宽，暗褐色。

平嘴壶夜蛾成虫

白线散纹夜蛾 *Callopistria albolineola* (Graeser)

翅展 25mm 左右。头部及胸部黑棕色杂以灰黄色及白色，颈板有白色横线。前翅黑褐色，翅脉微白，基线灰白色，波浪形，内线双线黄白色带红色，环纹中央为 1 黑色斜条，边缘黄白色，肾纹黄白色，中央有黑圈，其内缘后端与环纹相接，后端外则有 1 黑斑并衬 1 黄白条，外线双线白色，线间黑褐色及紫灰色，亚端线黄白色，在 3、4 脉端部具外突齿，在 2 脉后不显，内侧在 3~5 脉及 6~9 脉间，各具 1 三角形黑斑，端线黄白色，波浪形，外侧为 1 黑线及暗黄线。后翅浅黄色，端区微褐，外线细，褐色。

白线散纹夜蛾成虫

华逸夜蛾 *Caradrina chinensis* Leech

翅展 31~36mm。头、胸灰白色杂黑褐色。前翅灰白色杂褐色；基横线黑色波曲；内横线褐黑色波浪形外斜，前端为黑点；环纹不显；肾纹窄，黑褐色，内缘有褐点，外缘前后各有浅褐色点；中横线、外横线暗褐色，后者锯齿形；亚端线灰白色波浪形；端线黑褐色。后翅褐白色；端线黑褐色。腹部灰褐色。

华逸夜蛾成虫

黄缨兜夜蛾 *Cosmia flavifimbria* (Hampson)

翅展48mm。头、胸褐色杂褐黄色。前翅褐黄色带褐色，基线黄白色，内线、中线及外线波浪形，环纹、肾纹不明显，亚端线不明显，浅赭黄色，中段外侧衬暗褐色。后翅暗褐色。

黄缨兜夜蛾成虫

客来夜蛾 *Chrysorithrum amata* (Bremer et Grey)

翅展64~67mm。头部及胸部深褐色，腹部灰褐色。前翅灰褐色，密布棕色点，基线与内线白色外弯，线间深褐色，成1宽带，环纹为1黑色圆点，肾纹不显，中线细，外弯，前端外侧色暗，外线前半波曲外弯，至3脉返回并升至中室顶角，后与中线贴近并行至后线，亚端线灰白色，在4脉后明显内弯，外线与亚端线间暗褐色，约呈"Y"字形。后翅暗褐色，中部有1橙黄色曲带，顶角有1黄斑，臀角有1黄纹。

客来夜蛾成虫

东北巾夜蛾 *Dysgonia mandschuriana* (Staudinger)

翅展46~50mm。体背及前翅灰褐色。前翅具3个明显的黑斑，黑斑外缘具灰白色细线，而内侧色渐浅，基斑的外缘山峰形，位于中部的下方；中斑外缘2个山峰；顶角处的黑斑较小；外缘常具黑色小点列，各黑点位于脉间。

东北巾夜蛾成虫

一点钻夜蛾 *Earias pudicana pupillana* Staudinger

翅展 20~21mm。头、胸粉绿色，下唇须粉褐色；腹部灰白色。前翅黄绿色，前缘从基部到 2/3 处有 1 粉白条纹，中室有 1 褐色圆点。后翅白色。

一点钻夜蛾成虫

白肾夜蛾 *Edessena gentiusalis* Walker

翅展 50~52mm。全体暗棕色，前翅内线隐约可见弧形外弯，环纹为 1 黑点，肾纹巨大，白色，外线、亚端线隐约可见。后翅中室有 1 白色长点，外线隐约可见，亚端线模糊。

白肾灰夜蛾成虫

钩白肾夜蛾 *Edessena hamada* Felder et Rogenhofer

翅展 40mm 左右。全体灰褐色。前翅内线暗褐色，肾纹白色，后半向外折而突出，外线暗褐色波浪形，亚端线暗褐色，波浪形，两线曲度相似。后翅横脉纹暗褐色，后半为 1 白点，外线暗褐色，微外弯，亚端线暗褐色。

钩白肾夜蛾成虫

钩尾夜蛾 *Eutelia hamulatrix* (Draudt)

钩尾夜蛾成虫

翅展 31~33mm。体及前翅灰棕色至灰褐色。前翅内横线双线黑色，波形；环形纹和肾形纹均为灰白色有黑边，肾形纹中有褐纹，外横线双线黑色，在中部呈 2 个外突齿；翅顶角及外缘颜色明显浅，在外线两刺突间具 1 明显黑斑。

赭黄长须夜蛾 *Herminia arenosa* Butler

赭黄长须夜蛾成虫

翅展 19~27mm。体翅黄褐色。前翅密布褐色细点，内线黑棕色，前端呈折角，弧形，外线暗棕色，自前缘脉外弯，在中褶处外凸，亚端线几呈直线，端线广弧形。

窄肾长须夜蛾 *Herminia stramentacealis* Bremer

窄肾长须夜蛾成虫

翅展 20~23mm。头、胸及前翅灰褐色；下唇须上伸，举过头顶。前翅密布褐色细点，亚端区及端区色暗，中部常具暗色宽横带，内线黑棕色，波浪形外弯，肾纹小，黑棕色，外线暗棕色，自前缘脉外弯，在中褶处内凹，亚端线黑棕色，端线为 1 列黑点。后翅浅灰褐色，具 2 条横带。

棉铃虫 *Helicoverpa armigera* (Hübner)

翅展 30~38mm。头部、胸部及腹部淡灰褐色。前翅淡红褐色或淡青灰色,基线双线不清晰,内线双线褐色,锯齿形,环纹褐边,中央 1 褐点,肾纹褐边,中央 1 深褐色肾形斑,肾纹前方的前缘脉上有 2 条褐纹,中线褐色,微波浪形,外线双线褐色,锯齿形,齿尖在翅脉上为白点,亚端线褐色,锯齿形,与外线间成 1 褐色宽带,端区各脉间有黑点。后翅黄白色或淡褐黄色,翅脉褐色或黑色,端区褐色或黑色。

棉铃虫幼虫

棉铃虫雌成虫

棉铃虫雄成虫

苹梢鹰夜蛾 *Hypocala subsatura* Guenée

翅展 38~42mm。头部及胸部灰褐色;腹部黄色,背面有黑棕色横条。前翅红棕色带灰色,密布黑棕色细点,内线棕色,波浪形外弯,肾纹黑边,外线黑棕色,波曲外弯,在肾纹后端折向后,亚端线棕色,前端不清,中段外突;后翅黄色,中室端部 1 个大黑斑,亚中褶 1 条黑色纵线,端区 1 条黑色宽带,在 2~3 脉端有一黄色圆斑,亚中褶端部 1 个黄点,后缘黑色。本种有 2 个变型,ab. *asperas* Butler. 前翅斑纹显著;ab. *limbata* Butler. 前翅前半有 1 扭角形大黑棕色斑,其后缘二曲,衬以白色。

苹梢鹰夜蛾成虫

黏虫 *Mythimna separata* (Walker)

翅展 36~40mm。头部及胸部灰褐色；腹部暗褐色。前翅灰黄褐色、黄色或橙色，变化较多，内线往往只有几个黑色扁环纹，肾纹褐黄色，界限不显著，肾纹后端有 1 白点，其两侧各 1 黑点，外线为 1 列黑点，亚端线自顶角内斜至 5 脉，端线为 1 列黑点。后翅暗褐色，向基部渐浅。

黏虫幼虫

黏虫成虫浅色型

黏虫成虫深色型

白点黏夜蛾 *Leucania loreyi* (Duponchel)

又名：劳氏黏虫。

翅展 31~33mm。头部及胸部褐赭色，颈板有 2 条黑线；腹部白色微带褐色。前翅褐赭色，翅脉微白，两侧衬褐色，各脉间褐色，亚中褶基部有 1 黑色纵纹，中室下角有 1 白点，顶角有 1 隐约的内斜纹，外线为 1 列黑点。后翅白色，翅脉及外缘带褐色。

白点黏夜蛾成虫

放影夜蛾 *Lygephila craccae* (Denis et Schiffermüller)

放影夜蛾成虫

翅展约 45mm。头部褐色，头顶褐黑色，两触角间有微白曲线，下唇须灰褐色，颈板褐黑色，胸部背面褐灰色。前翅褐灰色微带紫色，基横线不显，内横线仅在前缘脉处显 1 黑纹环纹；肾纹窄小，黑色；亚端线似 1 褐黑色带，在 M_1 脉前宽，向后渐窄；翅外缘有 1 列黑点。后翅褐黄色，端区有 1 黑褐色宽带。腹部暗灰色。

绒黏夜蛾 *Leucania velutina* Eversmann

寡夜蛾 *Siderridis velutina* Warren 1910 为其异名。

翅展 46mm 左右。头、胸、前翅灰褐色。前翅翅脉白色，除前缘区外，各翅脉间均带黑色，端区带黑色，亚中褶基部 1 个黑色纵纹，其中央有浅褐色线，后方在 1 脉后另 1 个黑纹，横脉纹周围黑色，外线为 1 列黑色齿形斑，前、后端不显，亚端线外侧 1 列黑色齿形斑，端线黑色。后翅褐色；腹部浅褐色。

绒黏夜蛾成虫

甘蓝夜蛾 *Mamestra brassicae* (Linnaeus)

翅展 45~50mm。头部及胸部暗褐色杂灰色，额两侧有黑纹；腹部灰褐色。前翅褐色，基线、内线均双线黑色波浪形，剑纹短，黑边，环纹斜圆，淡褐色黑边，肾纹白色，中有黑圈，后半有 1 黑褐色小斑，黑边，外线黑色锯齿形，亚端线黄白色，在 3、4 脉呈锯齿形，端线为 1 列黑点。后翅淡褐色。

甘蓝夜蛾卵

甘蓝夜蛾幼虫

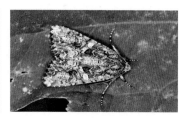

甘蓝夜蛾成虫

银锭夜蛾 *Macdunnoughia crassisigna* (Warren)

翅展 35mm 左右。头部及胸部灰黄褐色；腹部黄褐色。前翅灰褐色；胸部具"V"形毛簇。前翅棕黄色，闪金光，内线前半部不明显，后半部银色内斜，前端连接 1 锭形银斑，似有 2 斑相连或分离，或仅有 1 斑，银斑较肥；肾纹外侧有 1 银色纵线，亚端线细锯齿形。后翅褐色。

银锭夜蛾成虫

桃红瑙夜蛾 *Maliattha rosacea* (Leech)

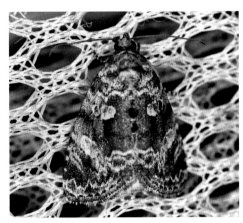

桃红瑙夜蛾成虫

翅展 18~21mm。前翅淡桃红色，具黑褐色斑，翅中央大部黄褐色或棕褐色；剑纹大，淡桃红色；环纹淡桃红色，中央黑色；肾纹大，淡桃红色，内常有褐色曲纹；肾纹外侧常具大型黑褐斑。亚端区具多丛多横向黑褐色斑，缘线由 1 列黑色条斑组成。

标瑙夜蛾 *Maliattha signifera* (Walker)

标瑙夜蛾成虫

翅展 15~17mm。头部及胸部白色杂少许褐色，下唇须第 2 节外侧大部褐色；腹部白色带淡褐色，背部毛簇黑色。前翅白色，前线区基部有 2 褐色斑，内一斑后有 1 黑点，内线黑色，波浪形外斜，肾纹白色椭圆形，中有两端膨大的黑曲纹，肾纹外方有 1 黑斑，中线黑色，仅肾纹后可见，外线双线黑褐色，锯齿形，线间白色，内线与外线间大部黑褐色，亚端线白色，内侧有一些尖黑褐色纹，端线为 1 列黑点。后翅白色微带褐色，端区色深。

懈毛胫夜蛾 *Mocis annetta* (Butler)

懈毛胫夜蛾成虫

翅展 42mm 左右。头部及胸部棕色；腹部背面暗褐灰色。前翅淡棕色，基线双线达 1 脉，内线外斜，外侧深棕色，成 1 窄带，中线波曲，肾纹窄曲，棕色边，外线暗棕色微外弯，在 2 脉后明显成 1 外交角，前段内仍棕色，亚端线双线锯齿形，两线相距较宽，内一线前段内侧黑棕色，中段外侧有 1 列黑点。后翅淡褐黄色，外线、亚端线褐色，翅基部色较暗。

红翅秘夜蛾 *Mythimna rufipennis* Butler

翅展 30~32mm。体及前翅锈红色，散生黑褐色小点。前翅内横线在中部外突；外横线较直，近前缘内折，而近后缘外折。后翅大部黑褐色。

红翅秘夜蛾成虫

白钩秘夜蛾 *Mythimna proxima* Leech

翅展 29mm。头、胸褐色杂灰色，颈板有 3 条黑线，翅基片边缘黑棕色。前翅褐赭色，亚中褶基部 1 黑纵纹，其上有 1 白点，中脉端为 1 白纹，在横脉处向前勾，后缘区中部 1 黑纹，外线黑色锯齿形，在亚中褶处有 1 内伸黑纹，亚端线浅褐色，外侧暗褐色，内侧有 1 列黑纹。后翅浅褐色，端区色暗。

白钩秘夜蛾成虫

秘夜蛾 *Mythimna turca* (Linnaeus)

体长 18~20mm，翅展 40~43mm。头部及胸部红褐色，触角干白色；腹部黄褐色，背面带暗棕色。前翅红褐色，散布黑色细点，内线黑色外弯，肾纹黑色窄斜，后端 1 白点，外线黑色，微曲内斜，端线为 1 列黑点。后翅红褐色，端区带有黑灰色。

秘夜蛾成虫

小文夜蛾 *Neustrotia noloides* (Butler)

翅展 16~17mm。头胸白色，之间暗褐色。前翅底色白色，前翅前缘具 3 个大褐色斑，中室后方具大褐色斑，其前端具明显的黑点；端线由小黑点组成，中前方具 3 或 4 个明显的长黑点。

小文夜蛾成虫

乏夜蛾 *Niphonyx segregata* (Butler)

又名葎草流夜蛾。

翅展 28~30mm。头部及胸部灰褐色，腹部灰褐色。前翅褐色，中央有明显的暗褐色宽带，基线灰白色，外弯至中室，内侧有一黑褐色斑，内线黑色，内侧衬灰白色，外斜至亚中褶折角内斜，中线暗褐色，只前半可见外斜至肾纹，肾纹褐色灰白边，外线黑色，外侧衬灰白色，前端内侧另 1 灰白线，在 4、7 脉各成 1 外凸齿，后半微波曲，亚端线灰白色，仅前半明显，与外线间黑色约呈扭角形，端线黑棕色，缘毛中部 1 白线。后翅褐色。

乏夜蛾成虫

浓眉夜蛾 *Pangrapta perturbans* (Walker)

翅展34mm左右。头部及胸部暗红褐色，下唇须褐灰色；腹部棕褐色。前翅浓褐色带灰，密布黑褐色细点，基部色暗，内线黑色波浪形外弯，环纹黑褐边，肾纹模糊，中线黑褐色，外斜至肾纹，折向内斜，外线黑褐色，曲度似中线，前端外方1半圆形灰斑，亚端线黑褐色间断。后翅内线、中线及外线黑褐色，缘毛褐色。

浓眉夜蛾成虫

苹眉夜蛾 *Pangrapta obscurata* (Butler)

翅展25mm左右。体褐色，腹部微灰。前翅灰褐色微紫，内线褐色外弯，外侧微衬灰白色，外线褐色，外斜至6脉折角内斜，微衬灰白色，前缘区有1三角形灰色斑，亚端线波浪形，衬灰白色。后翅灰褐色，前半色浅，外线后半褐色衬白色，亚端线锯齿形，两侧衬白色。

苹眉夜蛾成虫

洁口夜蛾 *Rhynchina cramboides* (Butler)

翅展29mm左右。头部及胸部褐灰色，下唇须长，平伸，上缘有长毛，第3节斜向上伸，端部尖；腹部淡褐黄色带灰。前翅沙黄色，微带褐色，翅尖尖，环纹为1小褐色点，肾纹褐色窄斜，顶角1暗褐色纹内斜，端区有不清晰褐纹，外缘1列暗褐点。后翅色似前翅。

洁口夜蛾成虫

红棕灰夜蛾 *Sarcopolia illoba* (Butler)

翅展38~41mm。头部及胸部红棕色；腹部褐色。前翅红棕色，基线及内线隐约可见双线波浪形，剑纹粗短，褐色，环纹、肾纹椭圆形，不明显，外线棕色，锯齿形，亚端线微白色，内侧深棕色。后翅褐色，基部色浅。

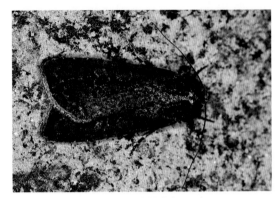

红棕灰夜蛾成虫

黑点贪夜蛾 *Simplicia rectalis* (Eversmann)

黑点贪夜蛾成虫

翅展27~32mm。体背及前翅黄褐色至灰褐色，唇须长，前伸稍上翘。前翅布满褐色，内线褐色、波形，弧形外凸；外线稍波形，中室端具1褐色斑，条形，外侧衬锈褐色；亚端线或隐约可见，较粗；缘线细，褐色。

胡桃豹夜蛾 *Sinna extrema* (Walker)

胡桃豹夜蛾成虫

体长15mm左右，翅展32~40mm。头部及胸部白色，颈板、翅基片及前后胸有橘黄色斑；腹部黄白色，背面微带褐色；前翅橘黄色，有许多白色多边形斑，外线为完整曲折白带，顶角1白色大斑，中有4个黑色小斑，外缘后半部有3个黑点。后翅白色微带淡褐色。

绕环夜蛾 *Spirama helicina* (Hübner)

又名旋目夜蛾。

翅展 60~62mm。雄蛾头部及胸部黑棕色带紫色，腹部背面大部黑棕色，端部及腹面红色。前翅黑棕色带紫色，内线黑色，肾纹后部膨大旋曲，外线双线黑色，外斜至 6 脉折角内斜，两线相距宽，亚端线双线黑色波浪形，端线双线黑色波浪形，5 脉及 6、7 脉有黑纹，顶角至肾纹有 1 隐约白纹。后翅黑棕色，端区较灰，中线、外线黑色，亚端线双线黑棕色。雌蛾头部及胸部褐色，胸部背面黄色；腹部背面大部黑棕色。前翅淡黄色带褐色，内线内侧有 2 黑棕斜纹，外侧有 1 黑棕色宽斜条。后翅色同前翅，内线双线黑色，中线黑色外侧淡黄色，亚端线双线黑色，波浪形，内一线组粗，其内线直。

绕环夜蛾雌成虫

绕环夜蛾雄成虫

环夜蛾 *Spirama retorta* (Clerck)

翅展 66mm 左右。头、胸及前后翅黑棕色。前翅各横线黑色，外线、亚端线均双线，肾纹后部膨大旋曲，边缘黑、白色，凹曲处至顶角有隐约白色纹，外线前后段双线较宽。后翅横线黑色，较直内斜，微波浪形。雌蛾褐色，前翅浅赭黄色带褐色，内线内侧有 2 黑棕色斜纹，外侧 1 黑棕色斜条。后翅色同前翅。

环夜蛾成虫

甜菜夜蛾 *Spodoptera exigua* (Hübner)

翅展 19~29mm 左右。体、翅灰褐色，前翅近前缘中部具 1 环纹，圆形，粉黄色，黑边；其外侧具 1 肾形纹，粉黄色，中央褐色，黑边。

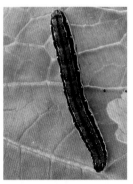

甜菜夜蛾幼虫浅色型　　甜菜夜蛾幼虫深色型　　甜菜夜蛾成虫背面　　甜菜夜蛾成虫侧面

斜纹夜蛾 *Spodoptera litura* Fabricius

翅展 33~35mm。头部和胸部褐色，颈有黑褐色斑，颈板有黑褐色横纹；腹部褐色。前翅褐色，雄蛾前翅带有黑棕色，胫脉和中脉基部褐黄色，基

斜纹夜蛾幼虫浅色型　　斜纹夜蛾幼虫少斑型　　斜纹夜蛾幼虫深色型

线与内线褐黄色，后端相连，环纹淡褐黄色，中央淡褐黄色，外斜瘦长，外侧有一淡褐黄色斜纹自中脉伸至前缘脉，肾纹中央黑色，内缘淡褐黄色，弓形，外缘内凹，前端为淡褐黄色齿状，后端淡褐黄色，2、3 脉基部淡褐黄色，外缘淡褐黄色，亚端线淡褐黄色，内侧在 3~6 脉及 9 脉处各有 1 黑色尖齿，外线与亚端线之间带有紫灰色，端线黑色较粗，内侧有 1 淡褐黄色细线，均由淡褐黄色翅脉所间隔，雌蛾外线与亚端线间不明显带紫灰色。后翅白色半透明，翅脉及端线褐色。

斜纹夜蛾成虫　　斜纹夜蛾成虫

淡剑贪夜蛾 *Spodoptera depravata* (Butler)

翅展 23~27mm 左右。体背及前翅颜色多变，多灰褐色；雄蛾触角双栉状，雌蛾触角丝状。前翅具黑色基线、内线、外线，但常常不完整，或不明显；环纹、肾纹或明显，或不明显；亚端线上常具多个向内的黑褐色或褐色剑形纹。

淡剑贪夜蛾成虫

掌夜蛾 *Tiracola plagiata* (Walker)

翅展 51~55mm。头部及胸部褐黄色，下唇须第 2 节外侧黑棕色；腹部背面暗褐色；前翅褐黄色，有褐色细点及零星黑点，端区带有暗灰色和赤褐色，基线仅前端现 1 黑点，其后一些棕点；内线黑棕色，波浪形，在中室后较大外弯；环纹微褐边，圆形；肾纹大，红棕色，中央 1 黑色曲纹，后半有 1 黑色棕斑；中线褐色，前端黑色；外线前后端黑棕色，其余为黑点；亚端线黄色，内侧衬赤褐色；端线为 1 列黑点，缘毛锯齿形，赤褐色。后翅烟褐色。

掌夜蛾成虫

庸肖毛翅夜蛾 *Thyas juno* (Dalman)

又名肖毛翅夜蛾。

翅展 81~85mm。头部赭褐色。前翅赭褐色或灰褐色，布满黑点；前、后缘红棕色，基线红棕色达亚中褶，内线红棕色，前段微曲，自中室起直线外斜；环纹为 1 黑点，肾纹暗褐边，后部有 1 黑点，或前半 1 黑点，后半 1 黑斑；外线红棕色，直线内斜，后端稍内伸；顶角至臀角有 1 内曲弧形线，黑色或赭黄色；亚端区有 1 隐约的暗褐色纹，端线为 1 列黑点。后翅黑色，端区红色，中部有粉蓝色弯钩形纹，外线中段有密集黑点，后缘毛褐色。

庸肖毛翅夜蛾成虫

陌夜蛾 *Trachea atriplicis* (Linnaeus)

又名白戟铜翅夜蛾。

翅展 50mm 左右。头部及胸部黑褐色。前翅棕褐色带铜绿色，尤其内线内侧、亚前缘脉及亚端区更显，基线黑色，在中室后双线，线间白色，内线黑色，环纹中央黑色，有绿环及黑边，后方有 1 戟形白纹，沿 2 脉外斜，2 脉在其中显黑色，肾纹绿色带黑灰色，有绿色环，后内角有 1 三角形黑色斑，外线黑色，在翅脉上间断，后端与黑色中线相遇，亚端线绿色，后半微白，在 3~4 脉间及 7 脉处呈大折角，在亚中褶成呈突角，外线与亚端线间有 1 黑褐线，端线黑色；后翅基部白色，外半较暗褐，2 脉端部有 1 白纹。

陌夜蛾成虫

条夜蛾 *Virgo datanidia* (Butler)

条夜蛾成虫

又名遗夜蛾。

翅展 49mm。头、胸、腹黄褐色杂黑色。前翅黄褐色杂黑色，基横线、内横线褐黄色；剑纹小，外侧 1 黑点；环纹大，黄边；外横线黄色，后半较直，内斜。

八字地老虎 *Xestia c-nigrum* (Linnaeus)

八字地老虎成虫

翅展 29~36mm。头胸褐色，颈板杂有灰白色。前翅中室除基部外黑色，中室下方颜色较深，环纹浅褐色，宽 "V" 形，肾纹窄，黑边，内有深褐色圈；基线和内线双线黑色，外线不明显，呈双线锯齿形；亚端线淡，在顶角处呈 1 黑斜条。

褐纹鲁夜蛾 *Xestia fuscostigma* (Bremer)

翅展 35mm 左右。头部及胸部紫棕色，腹部淡褐黄色。前翅紫棕色，基线双线暗棕色，外侧中室处有 1 黑点，亚中褶处有 1 黑纹，内线双线暗棕色外斜，环纹紫褐灰色，斜前端开放，肾纹紫黑灰色，两纹之间及环纹至内线间红棕色并向后稍扩展，外线双线棕色，亚端线淡褐色，内侧衬黑棕色并有几个黑点，前端的点大并结合形成明显曲纹；后翅淡暗黄色，端区暗褐色。

褐纹鲁夜蛾成虫

润鲁夜蛾 *Xestia dilatata* (Butler)

翅展 45~49mm。头部及胸部红褐色，腹部灰褐色。前翅红褐色微带紫色，基线深棕色，只达 1 脉；内线深棕色微外斜；剑纹小，环纹大，前后端开放，两侧深棕色边；肾纹中央大部深棕色，1 条粗棕线自前缘脉外弯穿过肾纹达后缘；外线黑棕色锯齿形，齿尖在各翅脉上断为黑点；亚端线双线棕色，外一线弱，外线与亚端线间色较灰黄，端线为 1 列黑点。后翅褐色。

润鲁夜蛾成虫

霉巾夜蛾 *Dysgonia maturata* (Walker)

翅展 52~55mm。头部及颈板紫棕色，胸部背面暗棕色，腹部暗灰褐色。前翅紫灰色，内线以内带暗褐色，内线较直，稍外斜，中线直，内、中线间大部紫灰色，外线黑棕色，在 6 脉处成外突尖齿，然后内斜，至 1 脉后稍外斜，亚端线灰白色，锯齿形，在翅脉上成白点，顶角至外线尖突处有 1 棕黑斜纹；后翅暗褐色，端区带有紫灰色。

霉巾夜蛾成虫

虎蛾科 Agaristidae

艳修虎蛾 *Sarbanissa venusta* (Leech)

翅展 42mm 左右。头部及胸部黑褐色杂白色，腹部杏黄色，背面 1 列黑毛簇。前翅白色，密布黑褐色细点，中脉及 2 脉后大部紫灰色，顶角区蓝紫色，内线双线灰白色，内一线折角于 1 脉，外一线外侧在中室后衬黑棕色；环纹黑褐色白边，扁圆形；肾纹黑棕色白边；外线双线灰白色，中部外突成齿，前后端外侧各一枣红色斑，亚端区有间断的粉蓝色纹，端线灰白色，外侧 1 列黑色长点。后翅杏黄色，中室端部 1 个小黑斑，臀角 1 个黑斑，端区 1 条不规则波曲的黑带，带外缘毛黑色。

艳修虎蛾成虫

天社蛾科 Notodontid

核桃美舟蛾 *Uropyia meticulodina* (Oberthür)

翅展：雄蛾 44~53mm，雌蛾 53~63mm。头赭色；胸背暗棕色。前翅暗棕色，前后缘各有一个黄褐色大斑，前者几乎占满了中室以上的整个前缘区，呈大刀形，后者半椭圆形，斑内各有 4 条衬明亮边的暗褐色横线，横脉纹暗褐色。后翅淡黄色，后缘稍较暗。

核桃美舟蛾成虫背面

核桃美舟蛾成虫侧面

杨小舟蛾 *Micromelalopha sieversi* (Staudinger)

翅展 22~26mm。本种有黄褐、红褐和暗褐等色的变异，前翅有 3 条灰白色横线，每线两侧具暗边，亚基线微波浪形，内线在亚中褶下呈屋顶形分叉，外叉不如内叉明显，外线波浪形，亚端线由脉间黑点组成波浪形，横脉纹为 1 小黑点；后翅臀角有 1 赭色或红褐色小斑。

杨小舟蛾幼虫

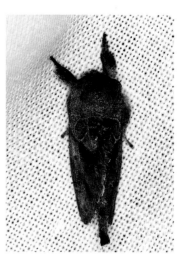

杨小舟蛾成虫

茅莓蚁舟蛾 *Stauropus basalis* Moore

翅展：雄蛾 35~43mm，雌蛾 42~47mm。身体灰褐色，翅基片较灰色；腹背第 1~5 节上的毛簇棕黑色；前翅灰褐带棕色，内半部灰白色，基部有 1 棕黑色点，内线不清晰，外线灰黄白色具棕褐色边，前半段弧形外曲，后半段弱锯齿形从中室下角几乎垂直于后缘，横脉纹暗棕色。后翅灰褐带棕色，前缘较暗并具 2 个灰白色斑。

茅莓蚁舟蛾成虫

苹掌舟蛾 *Phalera flavescens* (Bremer et Grey)

又名舟形毛虫。

翅展：雄蛾 34~50mm，雌蛾 44~66mm。前翅淡黄白色，顶角无掌形斑，有两个醒目的暗灰褐色斑，1 个在内室下近基部，圆形，外侧衬黑褐色半月形斑，中间有 1 红褐色纹相隔，另 1 个在外缘区呈带形，从臀角至 6 脉逐渐变细，内衬黑褐色波浪形边，两斑之间有 3~4 条不清晰的黄褐色波浪形线。

苹掌舟蛾低龄幼虫 　　　　　苹掌舟蛾高龄幼虫 　　　　　苹掌舟蛾成虫

刺槐掌舟蛾 *Phalera grotei* Moore

又名黄斑天社蛾。

翅展：雄蛾 62~93mm，雌蛾 89~92mm。触角基部毛簇和头顶白色，胸背暗褐色，中央有 2 条和后缘有 1 条黑褐色横线，翅基片灰褐色；腹背黑褐色，每节后缘具灰黄白色横带，末端二节灰色。前翅暗灰褐色至灰棕色，基部前半部和臀角附近的外缘稍灰白色，顶角斑暗棕色，掌形，斑内缘弧形平滑，5 条横线黑色，内外线之间有 4 条不清晰暗褐色波浪形影状带，横脉纹（肾形）和环纹灰白色。

刺槐掌舟蛾幼虫 　　　　　　　　　　刺槐掌舟蛾成虫

榆掌舟蛾 *Phalera takasagoensis* Matsumura

翅展：雄蛾 42~53 mm，雌蛾 53~60 mm。前翅灰褐色带银色光泽，前半部较暗，后半部较明亮，顶角斑淡黄白色，似掌形，中室内和横脉上各有一个淡黄色环纹，亚基线、内线和外线黑褐色较清晰，外线沿顶角斑内缘弯曲伸至后缘，波浪形，外线外侧近臀角处有 1 暗褐色斑，亚端线由脉间黑褐色点组成，端线细，黑色。

榆掌舟蛾成虫背面　　　　　榆掌舟蛾成虫侧面

栎掌舟蛾 *Phalera assimilis* (Bremer et Grey)

翅展：雄蛾 50~55 mm，雌蛾 50~60 mm。头、胸部黄褐色，翅基片银白色。前翅灰褐色闪银白色光泽，后半部光泽明显，顶角掌形斑淡黄色，较榆掌舟蛾大，内有数条暗黄色横纹，斑内前缘脉上有 3 个黑色斜点；中室内有 1 个较清晰的黄白色小环纹；内线黑色，前半段棕色隐现；外线沿顶斑内缘一段为棕色；端线棕色，在脉间两侧衬月牙形灰白色边。后翅淡褐色，近外缘褐色。腹背黄褐色，第 1 节中央有 1 个黑色斑，末端暗灰色。

栎掌舟蛾幼虫　　　　　栎掌舟蛾成虫

栎纷舟蛾 *Fentonia ocypete* (Bremer)

翅展：雄蛾 44~48 mm，雌蛾 46~52 mm。头、胸背部暗褐掺有灰白色，腹背灰黄褐色；前翅暗灰褐色或稍带暗红褐色，内外线双道黑色，内线以内的亚中褶上有 1 黑色或带暗红褐色纵纹，外线外衬灰白边，横脉纹为 1 苍褐色圆点，横脉纹与外线间有一大的模糊暗褐色至黑色椭圆形斑；后翅苍灰褐色。

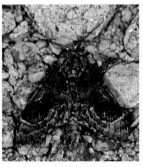

栎纷舟蛾成虫背面　　　　　栎纷舟蛾成虫

杨扇舟蛾 *Clostera anachoreta* (Denis et Schiffermüller)

翅展：雄蛾 26~37mm，雌蛾 34~43mm。前翅褐灰色，顶角斑暗褐色，扇形，向内伸至中室横脉，向后伸至 3 脉，3 条横线灰白色具暗边；亚基线在中室下缘断裂错位外斜，内线外侧有雾状暗褐色，近后缘处外斜，外线前半段横过顶角斑，呈斜伸的双齿形曲，外衬锈红色斑；中室下内外线间有 1 灰白色斜线，亚端线由 1 列黑点组成。后翅褐灰色。

杨扇舟蛾幼虫　　　　　　　　　　　　　　杨扇舟蛾成虫

槐羽舟蛾 *Pterostoma sinicum* Moore

翅展 56~80mm。头、胸背部灰黄褐色。前翅黄褐色；后缘中央有 1 个缺刻，两侧各有 1 个黄褐色梳形毛簇，内面 1 个较突出；基线不清晰，只见 2 个褐色点；内线模糊褐色，外衬黄白色边，中段不见；外线为 1 条松散的褐色带；亚端线由 1 列脉间暗褐色点组成，每点内衬黄白色边；端线由脉间内侧衬黄白色边的弧形组成；脉端缘毛黄白色，脉间缘毛黄褐色。后翅淡黄褐色；外线为 1 条模糊的灰黄色带；端线暗褐色。

槐羽舟蛾成虫背面　　　　　　　　　　　　槐羽舟蛾成虫侧面

栎枝背舟蛾 *Harpyia umbrosa* (Staudinger)

又名银白天社蛾。

翅展：雄蛾 48~52mm，雌蛾 55.5mm。头、胸部黑褐色，翅基片灰白色，背缘具黑边；腹部灰褐色。前翅褐灰色，前缘和后缘暗褐色，外半部翅脉黑色；有 1 条很宽的黄褐色外带几乎占满整个外半部，模糊双齿形，带的两侧具松散的暗褐色边，在前、后缘形成 2 个大的暗斜斑；脉端缘毛灰白色，其余暗褐色。后翅灰白色，基部和后缘灰褐色，臀角有 1 黑褐色斑。

栎枝背舟蛾成虫

灯蛾科 Arctiidae

广鹿蛾 *Amata emma* (Butler)

翅展 24~36mm。头、胸、腹部黑褐色，颈板黄色，触角顶端白色，腹部背侧面各节具黄带，腹面黑褐色；翅黑褐色，前翅 M_1 斑近方形或稍长，M_2 斑为梯形，M_3 斑圆形或菱形，M_4、M_5、M_6 斑狭长形。后翅后缘基部黄色，前缘区下方具有一较大的透明斑，在 2 脉处成齿状凹陷，翅顶黑边较宽；后足胫节有中距。

广鹿蛾成虫

美苔蛾 *Miltochrista miniata* (Forster)

翅展 22~30mm。头、胸部黄色，雄蛾腹部端部及腹面染黑色。前翅黄色，亚基点黑色，前缘基部黑边，前缘下方 1 红带，至端半部成为前缘带，与红色端带相接；内线黑色，在中室内及中室下方折角，向后缘渐退化，或常常完全退化；中室端 1 黑点，外线黑色、齿状、从前缘下方斜向 2A 脉。后翅淡黄色，端区淡红色。

美苔蛾成虫

殊美苔蛾 *Miltochrista pulchra* Butler

殊美苔蛾

翅展 23~36mm。体红色。前翅翅脉为黄带，内线、中线底色黄，其上由黑点组成，中线较直，前线基部黑色，基点、亚基点黑色，外线由黑点组成，黑点向外延伸成黑带。后翅色稍淡；前、后翅缘毛黄色。

黄边美苔蛾 *Miltochrista pallida* (Bremer)

黄边美苔蛾成虫

翅展 23~26mm。体白色。前翅前缘及外缘具黄色宽带，前缘基部黑边，亚基点黑色，中室端部具黑点，亚端线为 1 列黑点。后翅淡黄色。

黄痣苔蛾 *Stigmatophora flava* (Bremer et Grey)

翅展 26~34mm。体黄色。头、颈板和翅基片色稍深。前翅前缘区橙黄色，前缘基部黑边，亚基点黑色，内线处斜置 3 个黑点，外线处 6~7 个黑点，亚端线的黑点数目或多或少；前翅反面中央或多或少散布暗褐色，或者无暗褐色。

黄痣苔蛾成虫

玫痣苔蛾 *Stigmatophora rhodophila* (Walker)

翅展 22~28mm。体黄色，染红色。前翅基部在前线和中脉上具黑点，前翅基部内线前方 5 个暗褐短带，内线斜线在前缘下方折角，不达后缘；中线稍成波浪形，中室末端具暗褐纹，外线为 1 列暗褐带位于翅脉间，在前缘下方向外弯，在 M_3 脉下方向内弯，前缘和端区色较深。

玫痣苔蛾成虫

雪土苔蛾 *Eilema degenerella* (Walker)

翅展 22~26mm。体纯白色。触角褐色，足淡褐色。前翅反面散布褐色。

雪土苔蛾成虫

乌土苔蛾 *Eilema ussurica* Daniel

翅展 25~36mm。头、颈板、翅基片灰黄色。前翅浅棕灰色，前缘带黄色；后翅淡黄色；前翅反面除前缘及外缘区外为棕色。

乌土苔蛾成虫

人纹污灯蛾 *Spilarctia subcarnea* (Walker)

又名红腹白灯蛾。

翅展：雄蛾 40~46mm，雌蛾 42~52mm。雄蛾头、胸部黄白色。下唇须红色、顶端黑色；触角锯齿状，黑色；腹部腹面除基节与端节外红色，腹面黄白色，背面、侧面具有黑点列。前翅黄白色，染红色，通常在 2A 脉上方有 1 个黑色内线点，中室上方通常具有 1 个黑点，从 Cu₁ 脉至后缘有 1 斜列黑色外线点，有时减少至 1 个黑点，位于 2A 脉上方，翅顶 3 个黑点有时存在。后翅红色，缘毛白色，或后翅白色，后缘染红色或无红色。前翅反面或多或少淡红色，后翅反面中室端黑点。雌蛾黄白色，无红色。

人纹污灯蛾成虫背面　　　　　人纹污灯蛾成虫侧面　　　　　人纹污灯蛾幼虫

连星污灯蛾 *Spilarctia seriatopunctata* (Motschulsky)

翅展 42~54mm。体浅黄色。下唇须基部红色，顶端黑色，额与触角黑色，腹部腹面除基节、端节外红色，背面与侧面具黑点列。前翅前缘基部 1 条黑带，2A 脉上、下方有时有黑色内线点，中室上角 1 个黑点，翅顶至后缘中部有 1 条斜列黑点成短纹；其中间的黑点常缺，后缘上方的黑点则常较大。后翅后缘区常淡红色，中室端点黑色。

连星污灯蛾成虫多斑型　　　　　　　　连星污灯蛾成虫少斑型

污灯蛾 *Spilarctia lutea* (Hufnagel)

翅展 31~40mm。体黄色，腹部背面黄或红色。前翅内线在前缘处 1 黑点，在 2A 脉上方 1 黑点，中室上角 1 黑点，翅顶至 M_2 脉上方有时有 1 斜列黑点，2A 脉上、下方各有 1 黑点，位于臀角前、斜列黑点的下方。反面横脉纹黑色，M_2 脉至 Cu_2 脉有 1 斜列黑点。后翅色稍淡，中室端 1 黑点，臀角上方有时有黑点。

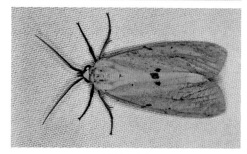

污灯蛾成虫

白雪灯蛾 *Chionarctia niveus* (Ménétriés)

又名白灯蛾。

翅展：雄蛾 55~70mm，雌蛾 70~80mm。体白色。下唇须基部红色，第 3 节红色。触角分支黑色。前足基节及前、中、后足腿节上方红色；腹部除基部及端部外，侧面有红斑，背面与侧面具 1 列黑点。

白雪灯蛾成虫背面

白雪灯蛾成虫侧面

美国白蛾 *Hyphantria cunea* (Drury)

翅展 9~15mm。体白色。触角雄蛾双栉状，雌蛾锯齿状，主干及栉齿下方黑色。翅白色，雌蛾色前翅通常无斑，雄蛾前翅无斑至较密的褐色斑，越冬代褐斑明显多于第 1 代。前足基节橘黄色，有黑斑，腿节端部橘红色，胫节、跗节大部黑色。

美国白蛾雌成虫与卵

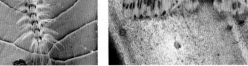

美国白蛾幼虫　　　　　美国白蛾雄成虫　　　　　美国白蛾为害状

肖浑黄灯蛾 *Rhyparioides amurensis* (Bremer)

翅展：雄蛾 43~56mm，雌蛾 50~60mm。雄蛾深黄色，腹部红色、背面及侧面具有黑点列。前翅前缘具黑边，中线黑点在前缘及后缘处各有 2~3 个，中室下角具 1 黑点，

肖浑黄灯蛾成虫

有时在上角及下角外方有黑点，有时有外线黑点位于后缘上方及 M_2 和 Cu_2 脉上。后翅红色，中室中部下方 1 黑点，有时在 2A 脉上方 1 黑点，中室端新月形黑纹，亚端点黑色，缘毛黄色。前翅反面红色，中室内具黑点，中带在中室下方折角，横脉纹黑色，外线 3~4 个黑色斑。雌蛾前翅黄褐色，黑点消失，由暗褐色所代替，翅中央有 1 块暗褐色斑。

瘤蛾科 Nolidae

锈点瘤蛾 *Nola aerugula* (Hübner)

翅展 15~20mm。体翅白色，有变化，或为灰色。唇须前伸，较长；触角短，未及前翅的 1/2，具短栉节。前翅具竖鳞，具灰褐色横线；内线、中线、外线、亚缘线和缘线，有时这些横线不明显。

锈点瘤蛾

蚕蛾总科 Bombycoidea

蚕蛾科 Bombycidae

野蚕蛾 *Bombyx mandarina* (Moore)

翅展 32~45mm。体翅暗褐色，前翅的
外缘顶角下方向内凹陷；内线及外线色稍
浓，棕褐色，各由两条线组成，亚端线棕
褐色较细，下方微向内倾斜，顶角下方至
外缘中部有较大的深棕色斑。后翅色略深，
中部有较深色宽横带，后缘中央有1新月
形棕黑色斑，外围白色。雄蛾比雌蛾色深，
身上各线及斑均较明显，中室有肾纹。

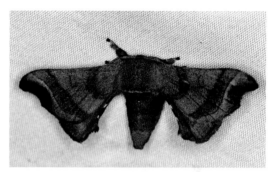

野蚕蛾成虫

天蚕蛾科 Saturniidae

绿尾大蚕蛾 *Actias selene ningpoana* Felder

又名燕尾水青蛾。

翅展 122mm 左右。体粉绿白色，头部，胸部及肩板基部前缘有暗紫色深切带。翅粉
绿色，基部有白色茸毛，前翅前缘暗紫色，混杂有白色鳞毛，翅的外缘黄褐色，外线黄褐
色不明显；中室末端有眼斑1个，中间有1长条透明带，外侧黄褐色，内侧内方橙黄色，
外方黑色；翅脉较透明，灰黄色。后翅也有1眼斑，形状颜色与前翅的相同，只是略小
些，后角尾状突出，长4cm左右。

绿尾大蚕蛾低龄幼虫

绿尾大蚕蛾高龄幼虫

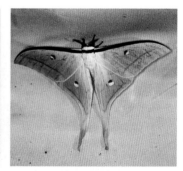

绿尾大蚕蛾成虫

樗蚕 *Samia cynthia* (Drurvy)

Philosamia cynthia Walker et Felder 是其异名。

翅展 127~130mm。头部四周及颈板前缘、前胸后缘及腹部的背线、侧线和腹部末端为粉白色，其他部位为青褐色；翅顶宽圆略突出，有一黑色圆斑，上方有弧形白色斑；前翅内线及外线均为白色，有棕褐色边缘，中室端部有较大的新月形半透明斑，前缘色较深，后缘黄色。

| 樗蚕幼虫 | 樗蚕成虫 | 樗蚕茧 |

天蛾科 Sphingidae

鹰翅天蛾 *Oxyambulyx ochracea* (Butler)

翅展 97~110mm。体翅橙褐色。胸背黄褐色，两侧浓绿褐色；腹部第 6 节的两侧及第 8 节背面有褐绿色斑。前翅内线不明显，中线和外线呈褐绿色波状纹，顶角弯曲呈弓状似鹰翅，在内线部位近前缘及后缘处有褐绿色圆斑 2 个，后角内上方有褐绿色及黑色斑。后翅土黄色，有较明显的棕褐色中带及外缘带，后角上方有褐绿色斑。

鹰翅天蛾成虫

葡萄天蛾 *Ampelophaga rubiginosa* Bremer et Grey

翅展 85~100mm。体翅茶褐色。体背
自前胸至腹部末端有 1 条红褐色纵线，腹
面色淡呈红褐色。前翅顶角较突出，各横
线都为暗茶褐色，中线较粗而弯曲，外横
线较细，波纹状，近外缘有不明显的棕褐
色带，顶角有 1 块较宽的三角形斑。后翅
黑褐色，外缘及后角附近各有 1 条茶褐色
横带，缘毛色稍红。

葡萄天蛾褐色幼虫

葡萄天蛾绿色幼虫

葡萄天蛾成虫

白肩天蛾 *Rhagastis mongoliana* (Butler)

翅展 45~60mm。体翅褐色。头部及
肩板两侧白色。胸部的后缘有橙黄色毛丛。
前翅中部有不甚明显的茶褐色横带，近外
缘呈灰褐色，后缘近基部白色。后翅灰褐
色，近后角有黄褐色斑。

白肩天蛾成虫

绒星天蛾 *Dolbina tancrei* Staudinger

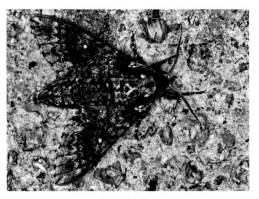

绒星天蛾成虫

翅展 50~80mm。体灰黄色，有白色鳞毛混杂，腹部背线由 1 列较大的黑点组成，尾端黑点成斑，两侧有向内倾斜的黑纹。胸、腹部的腹面黄白色，中央有几个比较大的黑点。前翅内、中、外线均由深色的波状纹组成，亚外缘线灰白色，中室有 1 个极显著的白星。后翅棕褐色，缘毛灰白色。

雀纹天蛾 *Theretra japonica* (Orza)

雀纹天蛾成虫

翅展 60~72mm。体绿褐色。头、胸部两侧及背中央有灰白色绒毛，背线两侧具橙黄色纵条；腹部背线棕褐色，两侧有数条不甚明显的暗褐色条纹，各节间有褐色横纹，两侧橙黄色。前翅黄褐色，后缘中部白色，顶角达后缘方向有 6 条暗褐色条纹，上面 1 条最为明显，第 3 条与第 4 条之间色较淡，中室端有 1 小黑点。后翅黑褐色，后角附近有橙灰色三角斑，外缘灰褐色。

紫光盾天蛾 *Phyllosphingia dissimilis sinensis* Jordan

紫光盾天蛾成虫

翅展 105~115mm。体翅灰褐色，全身有紫红色光泽。胸部背线棕黑色，腹部背线紫黑色。前翅基部色稍暗，内、外两线色稍深，前缘近中央有 1 块较大的紫色盾形斑，周围色显著加深，外缘色较深呈显著的锯齿状。后翅有 3 条波浪状横带，外缘紫灰色不整齐。前、后翅外缘齿较深。

豆天蛾 *Clanis bilineata tsingtauica* Mell

翅展 100~120mm。体翅黄褐色；头、胸部有较细的暗褐色背线；腹部各节背面后缘有棕黑色横纹。前翅前缘近中央有较大的半圆形褐绿色斑，中室横脉处有 1 近白色小点；内、中线不明显，外线呈褐绿色波状纹，顺 R_3 脉走向有褐绿色纵带，近外缘呈扇形，顶角有 1 暗褐色斜纹，将顶角分为二等分。后翅暗褐色，基部上方有赭色斑，后角附近枯黄色。

豆天蛾成虫

豆天蛾褐色幼虫

豆天蛾绿色幼虫

豆天蛾蛹

洋槐天蛾 *Clanis deucalion* (Walker)

翅展 145mm 左右。头顶黄褐色，胸部背面赭黄色，背线棕黑色；腹部背面赭色，有不甚显著的褐色背线。前翅赭色，正面有一灰色边缘，中央有浅色半圆形斑；内、中、外线呈棕黑色波状纹，中间由黄色脉纹分开，在 R_3 前方有 1 灰色线，顶角前上方呈赭色三角形斑，后角部分有粉白色鳞片，中室横脉处有暗褐色圆点。后翅中部棕黑色，前缘及内缘黄色。

洋槐天蛾成虫

榆绿天蛾 *Callambulyx tatarinovi* (Bremer et Grey)

榆绿天蛾成虫

翅展 75~79mm。翅面绿色，胸背墨绿色。前翅前缘顶角有 1 块较大的三角形深绿色斑，内横线外侧连成 1 块深绿色斑，外横线呈 2 条弯曲的波状纹。后翅红色，近后角墨绿色，外缘淡绿色。腹部背面粉绿色，每节后缘有 1 条棕黄色横纹。

霜天蛾 *Psilogramma menephron* (Cramer)

翅展 90~130mm。体翅灰褐色，胸部背板两侧及后缘有黑色纵条及 1 对黑斑；从前胸至腹部背线棕黑色、腹部背线两侧有棕色纵带，腹面灰白色。前翅内线不明显，中线呈双行波状棕黑色，中室下方有 2 根黑色纵条，下面 1 根较短；顶角有 1 黑色曲线。后翅棕色，后角有灰白色斑。

霜天蛾幼虫

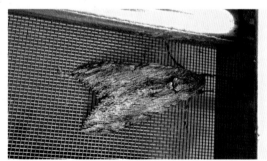

霜天蛾成虫

红天蛾 *Deilephilg elpenor lewisi* (Butler)

翅展 55~70mm。体翅红色为主有红绿色闪光，头部两侧及背部有两条纵行的红色带；腹部背线红色，两侧黄绿色，外侧红色；腹部第 1 节两侧有黑斑。前翅基部黑色，前缘及外横线、亚外缘线、外缘及缘毛都为暗红色，外横线近顶角处较细，越向后越粗；中室有 1 小白色点；后翅红色，靠近基半部黑色。

红天蛾成虫

椴六点天蛾 *Marumba dyras* (Walker)

椴六点天蛾成虫

翅展 90~100mm。体翅灰黄褐色；触角灰黄色；肩板内侧及颈板后缘呈茶褐色线纹；胸部及腹部背线呈深棕色细线，腹部各节间有棕色环。前翅灰黄褐色，各横线深棕色，外缘齿状棕黑色，后角内侧有棕黑色斑，中室端有小白点 1 个，白点上方顺横脉有 1 向前上方伸展的深棕色月牙纹。后翅茶褐色，前缘稍黄，后角向内有棕黑色斑 2 个。

大黑边天蛾 *Haemorrhagia alternata* Butler

翅展 59mm 左右。体黑褐色。头部黑褐色，被灰黄色鳞毛，两侧(复眼上方)有白条。下唇须白色。胸部背面及腹面有污黄色鳞毛。腹部黑褐色，第 5、6 节两侧有灰黄色斑。前翅透明，沿前缘为 1 黑色粗条；翅基及后缘大部黑色，中室下缘及中室端线较粗，黑色；各翅脉黑色明显，端区为棕褐色宽带，其内侧于脉间有大的尖齿。后翅基部，包括中室及沿后缘为 1 条黑色宽带；外缘黑带较细。

大黑边天蛾成虫背面

大黑边天蛾成虫侧面

小豆长喙天蛾 *Macroglossum stellatarum* (Linnaeus)

小豆长喙天蛾成虫

翅展 44mm 左右。体、翅暗灰褐色。头胸腹面白色。腹部第 2、3 节两侧有灰黄色斑；第 3、4、5 节侧缘有白色斑。腹部腹面黑色，第 1、2、4、5 节混生白毛。前翅内线黑色，单线，中部上下方各有 1 个外突；内线以内色暗；中室端有 1 个小黑点；外线黑色单线，于中部之前有 1 个大外突；其余斑纹不显。后翅橙黄色；基部与外缘稍暗。

枯叶蛾总科 Lasiocampoidea

枯叶蛾科 Lasiocampidae

李枯叶蛾 *Gastropacha quercifolia* Linnaeus

翅展：雌蛾 60~84mm，雄蛾 40~68mm。体翅有黄褐色、褐色、赤褐色、茶褐色等。触角双栉状，下唇须向前伸出，蓝黑色。前翅中部有波状横线 3 条，外线色淡，内线呈弧线形黑褐色，中室端黑褐色斑点明显，外线齿状呈弧形，较长，后缘较短，缘毛蓝褐色；后翅有 2 条蓝褐色斑纹，前缘区橙黄色。静止时后翅肩角和前缘部分突出，形似枯叶状。

李枯叶蛾卵

李枯叶蛾幼虫

李枯叶蛾成虫背面

李枯叶蛾成虫侧面

凤蝶总科 Papilionoidea

凤蝶科 Papilionidae

碧凤蝶 *Papilio bianor bianor* Cramer

碧凤蝶成虫

翅展 110~136mm。体翅均黑色，翅面满布深绿色鳞片。后翅前半部鳞片蓝色，沿外缘各室有蓝红色月形斑。反面基半部散布白色鳞片，月形斑为橘红色带有蓝色。雌雄虫很相似，只是雄虫前翅中室后方各脉上有黑色天鹅绒状性标。

花椒凤蝶 *Papilio xuthus* Linnaeus

翅展 6l~95mm。分春、夏两型，其体形大小差别较大。翅面浅黄绿色，脉纹两侧黑色。前、后翅的外缘呈黑色宽带，带中分别有 8 个和 6 个月形斑。前翅中室内靠基部有 4 条浅黄绿色断续的纵线条纹。后翅月形纹上部常对应着由蓝色鳞片组成的月形纹。臀角一般有 1 个带黑点的橙色圆斑，极个别个体的橙色圆斑没有黑点。

花椒凤蝶卵

花椒凤蝶幼虫

花椒凤蝶成虫

麝凤蝶 *Byasa alcinous* (Klug)

翅展 76~87mm。翅灰褐色，翅脉黑褐色。前翅狭长，前缘长度约为后缘的 2 倍；中室长超过翅长的 1/2；中室内有 4 条黑褐色纵条纹，翅脉间亦有黑褐色纵条纹。后翅较窄，有尾突；边缘波状凹刻显著，内缘褶宽，有发香鳞及软毛；沿前至后缘有 7 个略呈新月形的红斑，最上面一个红斑有时不明显，有时（黑化型）雄蝶后翅红斑弱、明显或不明显。

麝凤蝶幼虫

麝凤蝶成虫

蛱蝶科 Nymphalidae

残锷线蛱蝶 *Limenitis sulpitia* (Cramer)

翅展 45~69mm。翅黑褐色，白色斑纹发达，前翅中室内棒状纹端部圆钝，在近端部外侧有 1 个凹刻，少数断离；后翅亚缘横带宽大，各斑内外侧凹入，中央横带甚近基部。反面：前翅外缘中后段有 8 个斑并列 2 排；后翅两横带之间有 2 列淡褐色点，外侧 1 列较小，镶在外列横带各斑内侧，翅基有 5~6 个黑色小点。

残锷线蛱蝶

灿福蛱蝶 *Fabriciana adippe* Denis et Schiffermüller

翅展 68~78mm。体橙黄色，雌蝶色淡，雄蝶前翅顶角稍尖出，有 2 条性标，在第 2~3 脉上；后翅前缘有黄褐色长毛列，雌蛾黑色斑纹发达。反面：雌蝶前翅色淡，顶角绿色，内有 2 个银白色斑，内侧靠近前缘还有 1 个；后翅淡绿色、有金属光泽，外缘有 1 列 7 个半圆形银色斑，内侧有白色心红褐色斑 1 列，翅中部有银白色横带，基部有 10 多个大小不等、排列不规则的银白色斑；雄蝶前翅顶角和后翅外缘无白色斑，基部白色斑至少 5~6 个。

灿福蛱蝶翅正面

大红蛱蝶 *Vanessa indica* (Herbst)

翅展 54~60mm。体粗壮，黑色，腹面褐色，触角黑褐色，顶角锤状，顶端黄色。翅黑色，外缘波状，翅顶端有白斑 4 个，中央有 1 条红色宽横带。后翅外缘红色，内有 4 个黑色斑，臀角黑色。翅反面，顶角茶褐色，前缘中部有蓝色细横线，后翅有茶褐色复杂的云状斑纹，外缘有几个不明显的眼状斑。

大红蛱蝶翅背面

大红蛱蝶翅正面

黄钩蛱蝶 *Polygonia c-aureum* Linnaeus

翅展 48~57mm。分春、夏、秋三型。翅黄褐色，翅缘凹凸分明。外缘有黑色带，翅面散布黑斑，翅基部有黑斑，前翅中室内有 3 个黑斑。翅反面淡黄褐色，长短不等，疏密不一的密布波状细线，外部有几个小点。后翅反面中域有 1 个银白色的"C"形纹。

黄钩蛱蝶成虫翅背面　　　　　　　　黄钩蛱蝶成虫翅正面

青豹蛱蝶 *Damora sagana* (Doubleday)

翅展 65~80mm。雄性翅橙黄色，斑纹黑色。前翅中室内有 4 个横斑纹，中室外侧及后方尚具 4 个斑，其外侧有 3 列黑斑；后翅中央有 1 个近"〈"形纹，其外侧亦具 3 列黑斑，前翅反面色稍淡，斑纹与正面同；后翅反面、基半部较淡，具 2 条褐色曲纹，翅端半部淡紫褐色，斑纹中央多淡色小点，翅中部具深紫色和白色细带纹。雌性翅黑青色，斑纹白色；前翅中室端半部和中室外各有 1 个长形大斑，顶角内近前缘有 1 个小斑，内侧有 3 个相邻的长形斑，其后有 2 个平列的小斑，外缘 2 列黑斑，其中夹杂几个小白斑；后翅中央有 1 条白色宽带纹，外缘各脉室有 1 个近三角形的白色小斑和 2 个黑斑。翅反面：前翅大致同正面；后翅暗绿色，中部有 2 条于前部分离而后部合并的白带纹，外部褐色带内有 2 列褐色斑，外列椭圆形，内列近圆形，斑心有淡色小点。

青豹蛱蝶成虫翅背面

中环蛱蝶指名亚种 *Neptis hylas hylas* (Linnaeus)

中环蛱蝶成虫翅正面

翅展 60mm 左右。翅黑褐色，有白色带纹 3 条，前翅中室有 1 条纵纹和 1 个三角形斑，近顶角有 2 个长斑和中室端下方斜向后缘的 4 个长斑，在翅展开时与后翅中部横带相连；后翅亚缘横带也与前翅近外缘的稍细带相连，故又称三字蝶。后翅沿外缘有 1 个白色细线，雌蝶明显。反面黄褐色，沿白色带两侧线黑褐色。

琉璃蛱蝶 *Kaniska canace* (Linnaeus)

翅展 53~70mm。翅黑色有光泽，翅边缘凹凸呈不规则齿状。前翅顶角有 1 白斑。两翅亚外缘处贯穿着 1 条蓝色宽带，宽带在前翅上部呈 "Y" 状，在后翅的蓝带部分有 1 列黑点。翅反面基半部褐黑色，端半部褐色，两翅呈不规则和颜色不一的混乱状。后翅中室端横脉下角有 1 白斑。雌雄同型，雌性后翅的蓝带稍宽。

琉璃蛱蝶成虫翅背面

琉璃蛱蝶成虫翅正面

粉蝶科 Pieridae

菜粉蝶 *Pieris rapae* Linnaeus

翅展 40~52mm。体黑色，头、胸有白色绒毛。翅和脉纹白色。斑纹黑色。前翅顶角斑近三角形，中域 2 个斑大小相近，下斑常退化不明显；后翅前缘有 1 个黑色斑，部分个体常退化或缺如，翅基部和前翅前缘着黑色鳞片而色暗，雌蝶又明显深于雄蝶。前后翅外缘均无斑点。反面前翅基部、顶角和后翅淡黄色。前翅中域 2 个斑较明显。

菜粉蝶幼虫　　　　　　　　　菜粉蝶夏蛹　　　　　　　　　菜粉蝶秋蛹

菜粉蝶雄成虫　　　　　　　菜粉蝶雌成虫背面　　　　　　菜粉蝶雄成虫侧面

黑脉粉蝶 *Pierie melete* Ménétriés

翅展 52~60mm。体背黑色着白色绒毛。翅粉白色，斑纹黑色，脉纹着黑色鳞粉，呈粗黑褐色条形。前翅顶角、1b 室和第 3 室各有 1 个斑，后缘区黑色成条状，外端与 1b 室斑相接；后翅第 7 室有 1 个斑，外线斑发达，常形成宽暗色带。反面雌蝶前翅顶角和后翅淡黄色，雄蝶颜色极淡，脉纹较正面细狭，前翅 1b 室和第 3 室斑较正面小且边缘模糊；后翅肩角深黄色。

黑脉粉蝶雌成虫

黑脉粉蝶雄成虫

宽边黄粉蝶北方亚种 *Eurema hecabe anemone* (Felder et Felder)

又名合欢黄粉蝶、银欢粉蝶、黄粉蝶。

翅展 39~48mm。头、胸黑色，有灰白色鳞片；腹背灰黑色，腹面黄色。翅深黄色至

黄白色。前翅外缘有黑色宽带直达臀角，界线清晰，黑色带内侧在 M_3 脉与 Cu_2 脉间凹陷，在 Cu_1 脉处略突出呈齿状，雄蝶色深，中室下缘脉（肘脉）两侧有长形性斑，缘毛黄色；后翅外缘黑带窄且界线模糊，或有脉端黑斑点。翅反面布满小褐点，前翅中室内有 2 个斑纹；后翅因 M_3 室外缘略突出而呈不规则圆弧形。

宽边黄粉蝶北方亚种成虫

云粉蝶 *Pontia edusa* (Fabricius)

翅展 35~55mm。翅白色，前翅中室横脉处有 1 个大黑斑，顶角处有几个黑斑组成的花纹，后翅无斑纹。雌蝶在前翅臀角处有 1 个小黑斑，后翅的外缘有明显的多个黑斑组成的花纹。

云粉蝶成虫

眼蝶科 Satyridae

矍眼蝶 *Ypthima balda* (Fabricius)

翅展 40~45mm。体翅暗褐色。前翅基部 1 条脉明显膨大，顶角内方有一大型黄圈黑眼纹，双瞳点蓝色。后翅翅基及中室部位多毛列，亚缘区黑色眼纹 1 列 6 枚，具黄圈，瞳点蓝色，其中部 2 个较大，臀角处 2 个极小或愈合成 1 个，雄性前缘处 2 个常消失。翅反面，前翅多密布白色波状细线纹、斑纹同正面；后翅波状线纹明显，斑同正面。

矍眼蝶成虫翅背面

中华矍眼蝶 *Ypthima chinensis* Leech

翅展 40mm 左右。体正面黑色，腹面灰黄色，翅正面基半部黑褐色，端半部色浅，有深褐色亚缘线。前翅亚端区有一黑褐色眼状斑，内有 2 个蓝白色瞳点，外围黄色；后翅 Cu$_2$ 室和 2a 室各有一眼状斑，前者大，后者小。翅反面布满褐色细纹；眼斑为黄色、褐色双圈；前翅眼状斑所在淡色区达后缘；后翅有 3 个眼状斑，前 2 个大，有 2 个瞳点，臀角处一个眼状斑小。

中华矍眼蝶成虫翅背面　　　　　中华矍眼蝶成虫翅正面　　　　　中华矍眼蝶成虫交尾

蒙链荫眼蝶 *Neope muirheadii* (Felder)

翅展 63~70mm。体翅茶褐色，腹面色淡。翅宽大，前翅臀角圆，外缘微波状；后翅外缘波状，在 M$_3$ 脉和 Cu$_1$ 脉处齿状；前、后翅正面各有 4 个黑斑，雌蝶明显，雄蝶不明显。翅的反面，从前翅前缘外侧 1/3 处直到后翅臀角内侧有 1 白色横带；前翅反面中室内有 2 条弯曲棕色条斑和 4 个链状圆斑，亚外缘区色淡，其内有 4 个黑色眼状斑，瞳外围淡黄色，从上而下的第 2 个眼状斑外围线不明显，亚外缘线褐色、波状；后翅的反面，基部有 3 个褐色小圆环，亚外缘区有 8 个眼状斑，臀角处的 2 个相连，自上而下的第 1 个外围线不明显。

蒙链荫眼蝶成虫翅背面

灰蝶科 Lycaenidae

红灰蝶西北亚种 *Lycaena phlaeas pseudophlaeas* Lucas

翅展 25~30mm。体背黑褐色，腹面灰黄色。翅正面橙黄色，前翅周缘有黑带，中室的中部和端部各有 1 黑点，中室外从前至后缘有 3、2、2 三组黑点；后翅亚外缘从 M_2 室至臀角有 1 橙红色带，其外侧脉端呈黑点列，其余部分均黑褐色。翅的反面，前翅橘黄色，外带灰褐色，带的内侧有黑点列，其余黑点排列同正面，只是中室基部有 1 黑点；后翅灰黄色，亚缘带橙红色，带的外侧有黑点，外线为与外缘几乎平行的弧形黑点列，中室端纹黑色，中室内有 2 个黑点，中室上方有 2 个黑点，下方有 1 个黑点，尾突微小，几乎看不见。

红灰蝶西北亚种成虫翅背面　　　　红灰蝶西北亚种翅正面

琉璃灰蝶 *Celastrina argiolus* (Linnaeus)

翅展 27~33mm。雄蝶体背青蓝色；雌蝶体背蓝黑色，腹面灰白色。翅粉蓝色带微紫色，外缘有黑带，前翅较后翅宽，雌蝶为雄蝶的 2 倍；中室端有黑纹，缘毛白色；后翅外缘隐约可见圆斑列，缘毛白色。翅反面灰白色，斑纹灰褐色，中室端线细条状。前翅亚缘点列排成直线；后翅外线点列也近直线，其中 2a 室 2 个点分离成"八"字形。前、后翅外缘小圆斑大小均匀。

琉璃灰蝶成虫翅背面　　　　琉璃灰蝶成虫翅正面　　　　琉璃灰蝶雌雄成虫

霓纱燕灰蝶指名亚种 *Rapala nissa nissa* (Kollar)

翅展 28~35mm。翅黑色，前翅底部和后翅的大半泛着美丽的蓝色闪光，少数个体前翅中室外有橙红色斑，雄蝶后翅第 7 室有泥色性标。尾状突起长，末端白色，前后翅中部有深褐色横线，后翅横线呈 "W" 形外侧镶有白色边；臀角叶片状突出，黑色，第 2 室被蓝色鳞片，第 3 室橙红色斑中有 1 个圆形黑色点。

霓纱燕灰蝶指名亚种成虫翅背面

蓝灰蝶 *Everes argiades* (Pallas)

翅展 20~28mm。雄雌异型。雄蝶翅蓝紫色，外缘黑色，缘毛白色。前翅中室端有一不明显黑斑；后翅沿外缘有 1 列小黑斑，Cu_2 脉延伸成小尾突，细而短，尖端白色。雌蝶翅黑褐色，前翅无斑，后翅外缘近臀角有 1 列 2~4 个橙红色斑，斑下部有黑点。雌蝶春型前翅中室及中室下部、后翅外缘有青蓝色鳞片；雄雌蝶翅反面白色，前后翅中室端有淡色细横纹，外侧有 3 列斑，前翅内列斑整齐清楚，后翅斑不整齐；外 2 列斑色淡，夹有橙红色斑；后翅橙斑外侧黑斑清晰，中室及前缘还各具一小黑斑。

蓝灰蝶成虫翅背面

蓝灰蝶成虫翅正面

丫灰蝶 *Amblopala avidiena* (Hewitson)

又名 Y 纹赭灰蝶。

翅展 35mm。体背黑褐色，腹面赭褐色。前翅顶角尖，外缘弧形；后翅前缘末端棱角分明，无尾突，臀角延伸成很长的瓣。翅正面黑褐色，前、后翅中室及下方为蓝色且有金属闪光；前翅中室端外 M_2 室、M_3 室和 Cu_1 室有橙斑。翅反面灰褐色，前翅亚外缘有白色细线，内外色彩分明，内侧浅褐色，外侧深褐色；后翅深褐色，中央有灰白色"丫"字形宽带，亚外缘亦有 1 灰白色宽带，其与"丫"字形宽带在臀角处汇合；臀角瓣黑色，有蓝灰色鳞片。

丫灰蝶成虫翅背面

丫灰蝶成虫翅正面

酢浆灰蝶 *Pseudozizeeria maha* (Kollar)

酢浆灰蝶翅背面

又名小灰蝶。

翅展 20~25mm，雌雄异型。雄蝶翅雪青色，前翅外缘和后翅前缘有黑褐色宽带，后翅外缘有 1 列黑色小点；翅反面淡灰褐色，外缘有 3 列黑斑，中室端有 1 个横斑，前翅中室内有 1 个小斑；后翅基部有 1 列共 4 个黑色斑。雌蝶翅黑褐色，基部有紫色鳞片分布，反面与雄蝶相同。

弄蝶科 Hesperiidae

河伯锷弄蝶 *Aeromachus inachus* (Ménétriés)

又名茶星翅弄蝶。

小型种类。翅展 20mm 左右。翅黑褐色，前翅中央偏外方有 7~8 个白斑。弧形排列，与外缘近平行，中室端有 1 个白色小点；后翅无斑纹。翅反面色淡，前翅同正面；后翅与外缘平行有 2 条灰白色斑列，翅脉灰黄色显著。

河伯锷弄蝶成虫翅正面

黑弄蝶指名亚种 *Daimio tethys tethys* (Ménétriés)

翅展 30~41mm。翅黑色，缘毛和斑纹白色。前翅顶角有 3~5 个小白斑，中区有 5 个大小不等的白斑；后翅中区有 1 条白色横带 (或近消失的横带)。后翅反面色略浅或基半部白色，其上有数个小黑圆点。

黑弄蝶指名亚种成虫翅正面

花弄蝶 *Pyrgus maculatus* (Bremer et Grey)

翅展约 29mm，小型。翅黑褐色，缘毛黑白色相间。前翅中室端部 1 个大白斑，斑外侧有白色线，中室下方 5 个白斑。后翅反面基部有 1 个两边镶白色带的褐色大斑，大斑内时常有 1 个白点。春型前翅中域白斑大，后翅中部有 2 列白斑；夏型后翅中部仅 1 列白斑。

花弄蝶成虫翅背面

直纹稻弄蝶指名亚种 *Parnara guttata guttata* (Bremer et Grey)

翅展 28~40mm。体黑褐色，腹面黄褐色。翅正面褐色，前翅有 7~8 个半透明白斑，排列成半环状，其中中室端斑 2 个，R_3、R_4、R_5 室各有 1 小斑，排列几乎与前缘垂直，R_4 室稍内移；M_1 室无斑，M_2、M_3、Cu_1 室各有 1 斑，以 Cu_1 室斑最大；后翅中央有 4 个白色透明斑，依次渐小，排列成一直线。翅反面色淡，披有黄鳞，斑纹与正面相似。中足胫节光滑。

直纹稻弄蝶指名亚种成虫翅背面　　　　　　　　直纹稻弄蝶指名亚种成虫翅正面

小赭弄蝶 *Ochlodes venata* (Bremer et Grey)

翅展 29~37mm。体背暗褐色，腹面有黄色绒毛。翅赭黄褐色，斑纹黄色。前翅有不透明黄斑连续呈中横带，从 R_3 室伸达 Cu_2 室，M_1 室和 M_2 室的斑小，离开中横带外移，中室有 2 个并列的小斑；后翅也有 1 列不透明黄斑连续呈中横带，M_1、M_2 室的斑也外移。翅反面黄褐色带绿色，斑纹同正面，脉纹和缘线暗褐色。

小赭弄蝶雌成虫　　　　　　　　　　　　　　小赭弄蝶雄成虫

白斑赭弄蝶 *Ochlodes subhyalina* (Bremer et Grey)

翅展约 34mm，小型。雌蝶翅褐色，前翅除 Cu_2 室的斑纹为橙黄色外，其余斑纹均为白色，中室端斑 2 个，顶角纹 3 个，外横斑 2 个；后翅中域有 5~6 个块状斑纹。雄蝶翅红褐色，前翅中室下有纺锤形黑色性斑，Cu_2 室的斑纹窄长。

白斑赭弄蝶成虫翅背面　　　　　　　　　　白斑赭弄蝶成虫翅正面

黄赭弄蝶 *Ochlodes crataeis* (Leech)

翅展 35~40mm。雄蝶赭色，雌蝶黑褐色；雄蝶前翅斑纹透明（1b 室斑除外），淡黄色，后翅有 3 个黄色斑，少数个体中室基部和中室外仅有模糊的黄色斑痕；雄蝶黑色性标中央有 1 条长的银灰色细线，并在第 2 脉处断离成两段；雌蝶前翅斑纹银白色，非常醒目，第 2 室斑最大，近方形，1b 室斑小三角形，后翅有 3 个黄色斑，明显小于雄蝶；雌雄蝶中室 2 斑相连（极少数分离）呈"工"字形，为本种重要特征。

黄赭弄蝶成虫翅背面

其他类群

长角蛾科 Adelidae

天国长角蛾 *Nemophora paradisea* (Butler)

翅展 15~17mm；雄蛾触角长，约为体长的 2.5 倍，基部 1/3 黑色，复眼大，两眼相距近；前翅基部紫黑色，具金色鳞片，翅中具黄色横带，两侧具银色带；雌蛾触角略长于体长，基部大部具鳞毛，橙黄色，但端部 1/3 鳞毛黑色；前翅基部黄色，前缘紫黑色。

天国长角蛾雄成虫

天国长角蛾雌成虫

八、鞘翅目 Coleoptera

肉食亚目 Adephaga

步甲总科 Caraboidea

步甲科 Carabidae

艳大步甲 Carabus (Coptolabrus) lafossei coelestis Stew

体长 35~43 mm。色泽鲜艳。头、前胸背板及鞘翅外缘红铜色，有金属光泽。口器、触角、小盾片黑色，虫体腹面黑色，有蓝色光泽。鞘翅绿色，有金属光泽。前胸背板前缘平直，窄于后缘；后缘两侧角向后突出，侧缘呈弧形；中部稍隆起，背纵沟不明显，基部两侧稍凹陷。小盾片三角形，宽大于长。鞘翅长卵形，末端在翅缝处形成上翘的刺突；每个鞘翅各有 6 行黑色的瘤突和不规则的小颗粒状突起，沿翅缘有 1 行粗大刻点。腹节有明显的横沟。

艳大步甲成虫

中华金星步甲 Calosoma chinense Kirby

体长 26.0~35.0 mm，宽 9.0~12.5 mm。体背多为黑色具铜色光泽或古铜色，腹面及足黑色。头密布细刻点，后部具细刻纹；额沟较长，其侧有纵皱褶。触角长将近达体长之半，基部 4 节光洁，5 节后密被短绒毛。前胸背板宽大于长，最宽处在中部稍前，盘区密布皱状点刻，侧缘弧形上翻，基部明显上翘，后角钝圆，基凹较长。每鞘翅有 3 行圆形闪烁金色或金绿色的星点；鞘翅两侧近于平行，肩后稍膨出；行间无沟纹而密布排列不规则的小粒突。

中华金星步甲成虫

大劫步甲 *Lesticus magnus* Motschulsky

大劫步甲成虫

体长 20.0~25.5mm，宽 7.0~9.0mm。体黑色，有光泽；头部光洁；触角基部 4 节光洁，5 节后密布细刻点和被灰黄色短毛。前胸背板宽略大于长，侧缘弧形，后部收狭，最宽处在中部前方，前缘弧形内凹，后缘近于平直；背板光洁，中部隆起，后部低平并具细横纹和微小刻点；两侧基凹大并具皱状刻点，凹底有 2 条纵沟；中纵沟细。每鞘翅有 9 条具细刻点的纵条沟，有小盾片刻点行；行距平，第 3 行距有 3~4 个毛穴，第 9 行距有 1 行毛穴。

蝎步甲 *Dolichus halensis halensis* (Schaller)

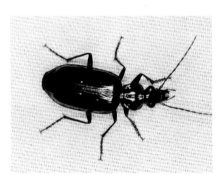

蝎步甲成虫

体长 16.0~20.5mm，宽 5.0~6.5mm。体黑色；触角基部 3 节、足的腿节和胫节黄褐色；前胸背板侧缘、鞘翅背面的大斑纹，以及足的跗节和爪均为棕红色。触角基部 3 节无毛，4 节后密被灰黄色短毛。前胸背板长宽约等，近于方形，中部略拱起，光亮无刻点，中纵沟细；侧缘沟深，两侧基凹深而圆。小盾片表面光亮。鞘翅末端窄缩，中部有长形斑，两翅合成长舌形大斑；每鞘翅有 9 条具刻点条沟，有小盾片刻点行，第 3 行距有 2 个毛穴，第 8 条沟有 21~28 个毛穴。

黄足原隘步甲 *Archi patrobus flavipes* Motschulsky

黄足原隘步甲成虫

体长 13.0~17.0mm，宽 6.7~7.5mm。体背黑色，有强光泽；触角、口须及足的跗节红褐色，腿节和胫节黄至黄褐色。触角基部 2 节光洁，3 节后密被黄褐色细毛。前胸背板长宽约等，最宽处在中部之前，前缘弧形内凹，后缘平直，侧缘前部弧形，中部后剧烈收狭，近于直形；后侧角近于直角；盘区光洁，周缘具刻点；基凹大，密布刻点；中纵沟深，不达前后缘。每鞘翅有 9 条具刻点条沟，但仅前半段刻点明显，且刻点仅在沟内方一侧；有小盾片刻点行；行距前半部略隆，后部平坦；第 3 行距有毛穴 3 个。

偏额重唇步甲 *Diplocheila latifrons* Dejean

体长 13.0~15.0mm，宽 5.5~6.2mm。体黑色；触角 1~4 节及足棕褐色，触角 5~11 节及口须末端暗红褐色。头方形。触角 1~3 节光洁，4 节后密被灰黄色绒毛。前胸背板宽大于长，最宽处在中部；盘区光洁，侧缘毛 2 根，位于中部及后侧角，背板前部微拱，后部低平，侧缘具边，后缘无边；基凹沟状，中纵沟细。小盾片表面光洁。每鞘翅具 7 条细纵沟，行距平，具等边微纹，第 3 行距无毛穴，第 4、第 6、第 8 行距较宽。

偏额重唇步甲成虫

半猛步甲 *Cymindis daimio* Bates

体长 8.5~9.5mm，宽 3.2~3.8mm。头部和前胸背板蓝黑色，光泽强；触角、口须、足的胫节和跗节棕褐色；鞘翅紫红色，有光泽，缘折前半部黄褐色，后半部蓝黑色，翅上蹄形斑纹紫蓝色或青绿色；足的腿节亮黑色、体密被黄褐色直立长毛。触角基部 3 节光亮无毛，4 节后密被黄褐色短毛。胸背板略似心脏形，中部拱起，两侧下塌，最宽处在中部前方，侧缘从最宽处向后急收狭，形成背板显著的前宽后狭；后缘弧形突出，后角尖锐外突；背板密布多边形粗大刻点，无中纵沟，两侧基凹不明显；中胸前部收缩似颈，鞘翅基部远离前胸背板。小盾片舌形，中部下凹，中央有 1 个长方形隆突。每鞘翅有 9 条具刻点条沟，鞘翅的蹄形斑纹是由两翅斑纹会合而成，行距微隆，密布刻点。

半猛步甲成虫

四斑小步甲 *Elaphropus* (*Tachyura*) *gradatus* (Bates)

四斑小步甲成虫

体长2.5~3mm，宽1~2mm。头（后部中央部分红褐色）、前胸背板黑色，有光泽；口器、触角、足黄褐色。鞘翅近肩部及近端缘各有1个长卵形黄斑，即4个斑。头顶光洁，额凹深，唇须末节细小，锥形。前胸背板宽大于长，稍宽于头部；侧缘弧凸，前角钝，后角稍锐；盘区中纵沟细不显。鞘翅长卵形，肩角圆，侧缘弧形，有边，近端部收窄，1~3行沟较明显，行距扁平，光滑。

中华婪步甲 *Harpalus sinicus* (Hope)

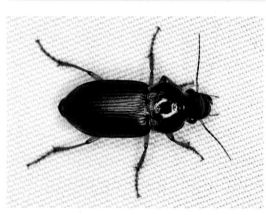

中华婪步甲成虫

体长11.5~15.5mm，宽4.5~6mm。体黑色有光泽。触角丝状11节。前胸背板近方形，宽稍大于长；前缘微凹，后缘平直，侧缘弧凸，后角近于直角；盘区微隆起，具刻点，中纵线细，基凹浅。每鞘翅有9行纵沟，行距稍隆起，无明显刻点。

日本细胫步甲 *Agonum japonicum* (Motschulsky)

日本细胫步甲成虫

体长9~10mm，宽3~3.2mm。体背棕黄色至棕红色，有光泽。鞘翅两侧有金属蓝绿色光泽。头光洁，两复眼间隆起。前胸背板近于心形，宽大于长，最宽处在中部；前缘后凹，后缘微后突，后角钝圆、侧缘弧形，缘边宽而显著上翻；中纵沟细，几达前后缘；盘区光洁，沿中沟两侧有浅横纹。小盾片三角形。鞘翅长形，肩后渐宽，最宽处在后部1/4；每鞘翅有8条具刻点条沟。

虎甲科 Cicindelidae

星斑虎甲 *Cylindera kaleea* (Bates)

体长 8.5~9.5mm，宽 2.8~3.5mm。体较小而狭长。体及足墨绿色；头、胸部具铜色光泽；颊部具青绿色光泽；口须末节及触角基部 4 节为金属绿色，后者并具铜色光泽；上唇黄白色，边缘黑褐色。前胸背板长宽约相等，表面密具横皱纹。鞘翅由前向后逐渐展宽，至翅端前又收狭，翅端具小尖翅，翅面散布青蓝色的刻点。每鞘翅有 4 个黄白色斑纹，鞘翅斑纹常有变化，肩斑和中前斑有变小或消失的，中后斑多向后方延伸呈稍弯曲的斜带。

星斑虎甲成虫

多食亚目 Polyphaga

隐翅甲总科 Staphylinoidea

隐翅虫科 Staphylinidae

红腹菲隐翅虫 *Philonthus rutiliventris* Sharp

体长 9.5~10.5mm。中型。头部与前胸背板均较窄，无金属光泽。前胸背板中部具 2 条平行纵脊。鞘翅棕黑色，密布小刻点，腹部棕红色。

红腹菲隐翅虫成虫

新菲隐翅虫 *Philonthus numata* Dvorak

体长 5~5.5mm。体暗褐色至黑色，密被灰暗毛，足棕褐色。头钝六角形，前方弧突，后方显凹，布粗大刻点。触角念珠状。颈部细，扁球形。前胸背板长大于宽，前缘较直，前角钝，侧缘弧凸，最宽处位于后角前，后角圆弧状，后缘弧凸；前胸背板中央具 5 个刻点列。鞘翅密被刻点和灰毛。腹部各节背板中央特别隆突，侧缘沿平宽。

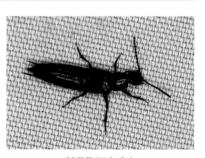

新菲隐翅虫成虫

切颈隐翅虫 *Oxytelus incisus* Motschulsky

切颈隐翅虫成虫

体长3.4~3.8mm。黑色或黑褐色，有光泽；足、鞘翅棕色或暗棕色。头基半部刻点粗，纵列；基部中央具短纵沟。前胸背板与头同宽；前、侧、后缘均弧凸，故前、后角钝圆形；中央纵沟和两侧纵沟明显，侧纵沟外凹陷区大。前胸背板刻点中央稀，两侧密。鞘翅宽于前胸背板，刻点纵状。

长毛小隐翅虫 *Stenagria concinna* (Erichson)

长毛小隐翅虫成虫

体长3.2~3.5mm。体暗黑色稍具光泽。头部略呈方形，后端截状，头面布细刻点。触角念珠状，末节端部较尖。前胸背板心脏形，与头部连接呈颈状，盘区布细刻点，中纵沟宽而深显，沟两侧散布颗粒状刻点。鞘翅略呈方形，肩部外端钝，后缘截形，具细刻点。

花萤总科 Cantharoidea

萤科 Lampyridae

缨簾萤火虫 *Lychnuris atripennis* (Lewis)

体长9~12mm。前胸背板橙黄色；中央部分呈四角形的橙赤色；近前缘有2个透明的窗状斑。小盾片三角形，橙赤色。鞘翅狭长，暗褐色，密布不规则的刻点，散布有零星的短锥状浅灰色毛。

缨簾萤火虫雄成虫

吉丁甲总科 Buprestidae

吉丁甲科 Buprestidae

绿窄吉丁 *Agrilus viridis* (Linnaeus)

体长 7.5mm 左右。体色蓝绿色至铜黄色，体无明显绒毛斑纹；前胸背板前缘稍直，后缘双曲状，背面密布刻点，中央后半具纵向浅凹；小盾片具横脊，其前方为扁五角形斜面，脊后为小三角形；鞘翅两侧中前部近平行，后 1/3 处稍膨大，翅顶圆弧形，端缘具细齿；末端腹板端部圆形。

绿窄吉丁成虫

叩头甲总科 Elateroidea

叩甲科 Elateridae

双瘤槽缝叩甲 *Agrypnus bipapulatus* (Candeze)

体长约 16.5mm。体黑色，密被褐、灰色鳞状毛，故成模糊的云状斑。触角红色，第 4~10 节锯齿状；末节近菱形。前胸背板长大于宽；侧缘中部微弧凸，向前变狭，向后近后角处呈波状；前缘凹入，前角倾斜，角端圆形；后角宽大，明显外延，角端截形。盘区中央有 2 个分离的横瘤。鞘翅等宽于前胸；中部渐扩，两侧呈弧凸；后部向端部倾斜变狭。足红褐色。

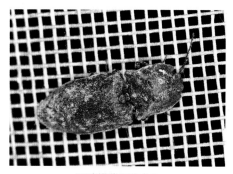

双瘤槽缝叩甲成虫

细胸锥尾叩甲 *Agriotes subvittatus* Motschulsky

体长约 10mm。头、前胸背板、小盾片、腹面暗褐色；鞘翅、触角、足茶褐色。体被黄白毛，有金属光泽。触角弱锯齿状，末节端部收狭呈尖锥状。前胸背板宽大于长，具细弱的中纵沟；侧缘由中部向前向后呈弧形变狭；后角尖，略分叉，表面有 1 条锐脊，几与侧缘平行。小盾片盾形。鞘翅等宽于前胸背板，两侧平行，中部开始弧形变狭，端部连合；刻点沟明显，沟间平。

细胸锥尾
叩甲幼虫

细胸锥尾叩甲成虫

筛胸梳爪叩甲 *Melanotus cribricollis* (Faldermann)

体长 16~18mm。体黑色，也有栗黑色个体，被灰白短细毛。头嵌入前胸。前胸背板长大于宽，布孔状刻点；两侧刻点大而密，而中间由前向后变稀变小；侧缘弧凸，向前渐狭；后角伸向后方，上有锐脊，后缘基侧沟明显直。小盾片近正方形。鞘翅等宽于前胸，两侧平行，后部变狭，翅端连合，具刻点沟列，沟间凸，略有横皱。

筛胸梳爪叩甲成虫

金龟甲总科 Scarabaeoidea

花金龟科 Cetoniidae

黄粉鹿角花金龟 *Dicronocephalus wallichi bowingi* Pascoe

雄虫体长（不包括角突）22.9~24.7mm，宽 11.0~12.7mm。雌虫体长 20~21.5mm，宽 10.7mm。体背面及胸节腹面有淡黄色到黄褐色分泌物。雄虫唇基两侧有成对较长角突，长约 6mm，头顶两侧各有 1 个淡黄色斑。前胸背板长大于宽，侧缘呈弧形外扩，后缘呈圆形。背盘中央自前向后有"八"字形黑色隆脊。鞘翅侧缘直，肩角与端角明显呈黑色。雄虫前足细长，黄褐色。雌虫腹节两侧有 5 束黄色毛斑，臀板三角形，端部被细毛，基部有黄色斑。雄虫臀板全为黄色分泌物所覆盖。

黄粉鹿角花金龟成虫交尾

黄粉鹿角花金龟雌雄成虫

长毛花金龟 *Cetonia magnifica* Ballion

体长 13.5~18.5mm，宽 7.0~8.5mm。体椭圆形，古铜色或深绿色，被粉末状薄层。前胸背板近梯形，密被粗大刻点和茸毛，有时盘区具绒斑；侧缘弧形，后角略呈钝角形，后缘中凹浅。小盾片狭长，末端钝。鞘翅近长方形，稀布刻纹和茸毛，近边缘布众多的白色斑，外缘后部 2 个横斑较大，近翅缝后部的 1 个和翅端的 1 个次之，其余斑点小而不规则。臀板近三角形，基部有 4 个间距几乎相等的小圆斑，中间 2 个有时消失。

长毛花金龟成虫

白星花金龟 *Potaetia (Liocola) brevitarsis* (Lewis)

体长 17~24mm，宽 9~14mm。古铜色或紫铜色，有时变为青铜色或紫色，有较强光泽。前胸背板及鞘翅上散布白色绒斑。鞘翅中后部近翅缝处有较深压陷。前胸背板中盘刻点稀、大，两侧皱形刻纹细密，一般散布众多大小白斑或全消失。小盾片长三角形，前端钝，光滑。鞘翅侧缘在肩角后明显内弯。中胸腹突基部明显收缢，前端向两侧扩展，扁平如"锚状"，表面散布稀小刻点，两侧及前缘下方密生黄色长毛。

白星花金龟成虫

白星花金龟中胸腹板突

凸星花金龟 *Potosia* (*Liocola*) *aerate* Er.

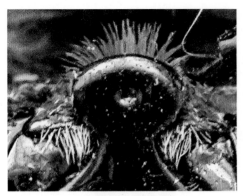

凸星花金龟中胸腹板突

体长 20~26mm，宽 11~16mm。体古铜色或紫铜色，有时变为青铜色或紫色，有光泽，体表散布云状白斑。前胸背板梯形，侧缘有边框，中盘刻点稀粗，两侧密布皱形刻纹和 2 列小型白斑排成梯形，沿侧缘有 1 列小型白斑。小盾片长三角形，表面光滑。鞘翅侧缘明显内弯，两侧及中部散布云状白斑。中胸腹突基如白星花金龟，但其中部有 1 个显著的小凹坑，这是识别两个种的最重要特征。

绿罗花金龟 *Rhomborrhina unicolor* Motschulsky

绿罗花金龟成虫

体长 19~22mm，宽 12~15mm。体草绿色、紫蓝色或浅红褐色，有光泽。前胸背板呈梯形，后缘中央略呈弧形内凹，侧缘有明显边框，中盘刻点细密，两侧有细密的弧状刻纹。鞘翅侧缘在肩角后明显内弯，外缘及后缘皱纹和刻点细密。小盾片长三角形，刻点稀少。

小青花金龟 *Oxycetonia jucunda* (Faldermann)

体长 12~14mm，宽 5.2~8mm。体色和花斑有多种变型，多为暗绿色或青绿色。头部黑褐色。前胸背板梯形，被淡黄长毛，中盘具粗大刻点，两侧各有 1 个白斑，两侧皱形刻纹细密，在边框处有 1 条白边。小盾片长三角形，光滑。鞘翅肩角后侧缘明显内弯，外缘有 3 个白斑，中间 1 个较大；近缝肋一侧有 3 个小白斑，均成行排列。臀板有 2 对白斑。本种体色与花斑有多种变异并分为不同色型。

小青花金龟成虫蓝色型

小青花金龟成虫绿色型

小青花金龟紫红色型

白斑跗花金龟 *Clinterocera mandarina* (Westwood)

体长 12.3~13.5mm，宽 5.0~5.5mm。体黑色，半圆柱形，具较强的光泽。每鞘翅有 2 个横宽的白色绒斑。头密布大刻点，唇基略呈倒梯形。触角 10 节，鳃片部 3 节，柄节特化呈猪耳状。前胸背板横阔，侧缘弧形，后缘向后弧凸。小盾片长三角形。鞘翅狭长，缝肋宽而隆凸。臀板略呈五角形，无边框，布粗大刻点。足粗壮，跗节 4 节；爪呈简单的微弯。

白斑跗花金龟成虫

斑金龟科 Trichiidae

短毛斑金龟 *Lasiotrichius succinctus* (Pallas)

体长 9.2~12.9mm，宽 4.5~6.5mm。体黑色，稍有光泽。鞘翅黄褐色，全体遍布竖立或斜状灰黄色、黑色或栗色长茸毛。唇基长宽几乎等大，微凹弯，密布细小刻点；前缘微收狭，前缘圆，中凹较浅，侧缘弧形。前胸背板长宽约相等，两侧约呈弧形，上面密布圆刻点；小盾片密布小刻点。鞘翅较短宽，散布稀大刻纹，每翅有 4 对纤细条纹。通常每翅有 3 条横向黑色或栗色宽带。

短毛斑金龟成虫

鳃金龟科 Melolonthidae

华北大黑鳃金龟 *Holotrichia oblita* (Faldermann)

体长 17.0~21.8mm，宽 8.4~11.0mm。初羽化时体红褐色，逐渐变成黑褐色至黑色，有光泽。前胸背板密布粗大刻点，侧缘向外弯，前缘有少数缺刻，凹陷处生毛。鞘翅肩瘤明显，缝肋宽而隆起，有 3 条明显纵肋。雄虫臀板隆凸顶点在中部以下，末端较圆尖，末前腹板中间有明显的三角形凹坑。雌虫臀板较长，末端圆钝，末前腹板没有三角形凹坑。爪细长，爪齿中位。

华北大黑鳃金龟成虫

暗黑鳃金龟 *Holotrichia parallela* Motschulsky

体长 16.0~22.0mm，宽 7.8~11.5mm。体两侧近平行，黑色至黑褐色，光泽暗淡。体表被淡铅灰色粉状闪光薄层，腹部薄层较厚。前胸背板侧缘弧形外扩，中部最宽。小盾片呈宽弧状的三角形。鞘翅具脐形刻点，每翅 4 条纵肋清楚，缝肋较宽而隆起，肩凸明显，具有稀而长的褐色缘毛。雄虫臀板后端尖削，雌虫则浑圆。爪细长，爪齿中位。

暗黑鳃金龟成虫

铅灰鳃金龟 *Holotrichia plumbea* Hope

体长 17.0~22.0mm，宽 9~11.6mm。体棕褐色，光泽暗淡，体表被淡铅灰色粉层。前胸背板侧缘弧形外扩，中部之后最宽，侧缘从中部之后呈钝角形外突。小盾片半圆形。鞘翅具 4 条纵肋，缝肋隆起最大，肩凸明显。胸部腹面红褐色，被长黄毛。足红褐色，爪细长，爪齿中位。腹部黄色半透明，可从腹面见到卵粒。臀板雄虫浑圆，雌虫较尖。

铅灰鳃金龟成虫

毛黄鳃金龟 *Holotrichia trichophora* (Fairmaire)

体长 13~16.5mm。体棕褐色到黄褐色，无光泽，密被黄色长毛，尤以前胸背板上毛多而长。前胸背板侧缘前段完整，后段成小锯齿状，背面刻点大小不均匀。小盾片三角形，背面无毛，两侧散布细小刻点。鞘翅无纵肋，具毛刻点，肩部毛最长。爪细长，爪齿中位。

毛黄鳃金龟雌成虫　　　　　　毛黄鳃金龟雄成虫

棕色鳃金龟 *Holotrichia titanis* Reitter

体长17~22.5mm，宽9.5~12.5mm。体棕褐色，光亮无毛。前胸背板横宽，中央有一细的光滑纵线，侧缘外扩，边框呈锯齿状，着生缘毛。小盾片心脏形，两侧有粗大刻点。鞘翅纵肋4条，纵肋Ⅰ末端尖细。爪细长，爪齿中位，明显小于爪端。

棕色鳃金龟成虫

福婆鳃金龟 *Brahmina faldermanni* Kraatz

体长9.0~12.2mm，宽4.3~6.0mm。体栗褐色或浅褐色，卵圆形。鞘翅淡栗褐色或淡褐色。前胸背板密布大小浅圆形具长毛刻点，毛长而竖立，侧缘钝角形扩阔，锯齿形。小盾片三角形，布满许多具竖毛刻点。鞘翅密布深大具毛刻点，基部毛明显长，纵肋Ⅰ明显。

福婆鳃金龟成虫

台湾索鳃金龟 *Sophrops formosana*（Moser）

体长15.0~16.8mm，宽7.6~8.1mm。头、前胸背板棕褐色，鞘翅、小盾片、臀板、足棕红色。前胸背板侧缘弧形外扩，中部最宽，中部之前具4~5个缺刻。小盾片呈横三角形。鞘翅几与前胸等宽，两侧几平行，具4条明显的纵肋。臀板呈等三角形。

台湾索鳃金龟成虫

东方绢金龟 *Maladera orientalis* (MotschuIsky)

东方绢金龟成虫

又名黑绒绢金龟。

体小型，长 6.5~9.0mm，宽 4.5~5.0mm，呈卵圆形。体黑色或黑褐色，有天鹅绒状绒毛，光泽较强。前胸背板横宽，两侧中段外扩，前侧角前伸，锐角形；后侧角近直角形。小盾片三角形，顶端钝。鞘翅较短，两侧缘微呈弧形，上有刻点及细毛，每鞘翅有9条纵沟纹。臀板三角形，中间高，顶端变钝，其上密布粗大刻点。

阔胫玛绢金龟 *Maladera verticalis* Fairmaire

体长 7.0~8.0mm，宽 4.5~5.0mm。体红棕色或红褐色，具丝绒状光泽。前胸背板侧缘后段直，前侧角尖，后侧角钝。小盾片长三角形。鞘翅有4条具刻点纵沟，沟间带隆起明显。后缘刻点较多，后侧缘折角明显。前足胫节外侧有2齿，后足胫节极宽扁，表面光亮，几乎无刻点。臀板三角形。

阔胫玛绢金龟成虫

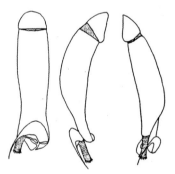

阔胫玛娟金龟雄性外生殖器

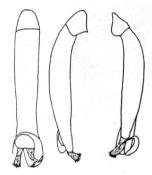

小阔胫玛娟金龟雄性外生殖器

小阔胫玛绢金龟 *Maladera ovatula* (Fairmaire)

该种与阔胫玛绢金龟极相似，外部形态难以区别，仅雄性外生殖器不同。幼虫在两个种间亦难以区别。

丽金龟科 Rutelidae

铜绿异丽金龟 *Anomala corpulenta* Motschulsky

体长 15.0~19.0mm，宽 8.0~10.5mm。体背铜绿色，有光泽。腹面黄褐色。鞘翅色较浅，唇基前缘及前胸背板两侧呈淡黄色条斑。触角 9 节，鳃片部 3 节。前胸背板前角锐，后角钝，表面刻点浅细。小盾片近半圆形。鞘翅密布刻点，缝肋明显，纵肋不明显。前中足的爪分叉，后足的爪不分叉。

铜绿异丽金龟成虫

蒙古异丽金龟 *Anomala mongolica* Faldermann

体长 16.8~22.0mm，宽 9.2~11.5mm。复眼黑色；头、前胸背板、小盾片、臀板和 3 对足的胫节均为青铜色，并具闪光；胸腹部腹面、3 对足的基节、转节、腿节为赤铜绿色，有强烈闪光。前胸背板梯形，中央具光滑的中纵线。鞘翅有明显肩瘤，纵肋不明显。臀节臀板上具黄褐色细毛，腹部 1~5 节腹板两侧各具密的黄褐色细毛斑 1 个。体色除多数个体为青铜色外，尚有少数个体为红铜色和蓝铜色。

蒙古异丽金龟成虫

无斑弧丽金龟 *Popillia mutans* Newman

又名豆蓝弧丽金龟。

体长 9.0~14.0mm，宽 6.0~8.0mm。全体墨绿色、蓝黑色或深蓝色；有时体墨绿色，鞘翅红褐色或红褐泛紫色，有强烈金属光泽。臀板无毛斑。前胸背板较短阔，明显弧拱，前侧角锐角形，后侧角圆弧形。小盾片大，短阔三角形。鞘翅短阔，在小盾片后侧有 1 对深显横凹，背面有 6 条浅缓刻点沟，第 2 条短，后端仅略超过中点，沟间带几乎光滑无刻点。臀板宽大，密布刻点。

无斑弧丽金龟成虫

苹毛丽金龟 *Proagopertha lucidula* Faldermann

体长9.2~12.5mm。除鞘翅光滑且透明外，其余各部皆被淡褐刚毛，尤以胸节腹面毛长而密。前胸背板暗绿色带紫色闪光，密被绒毛。小盾片半圆形，暗绿色，光亮。鞘翅肩瘤明显，内侧有1个浅的凹陷，在中央有1个长明显的"V"形影纹。臀板三角形，背面密布细毛。

苹毛丽金龟成虫

扁甲总科 Cucujoidea

露尾甲科 Nitidulidae

短角露尾甲 *Omosita colon* (Linnaeus)

体长2.5~4mm。椭圆形，背方中度隆起，密生茸毛。体淡红褐色至暗红褐色，有光泽。触角棒节3节，大而紧密。前胸背板宽大于长，最宽处位于中部之后；前缘凹，前角前伸；后缘直，后角钝；盘区在近后缘中央两侧各有1宽深凹窝。每鞘翅基部有若干淡色斑，端部1/3有大型黄色斑，该黄色斑内有1个黑色斑。

短角露尾甲成虫

锯谷盗科 Silvanidae

长胸谷盗 *Slivanoprus longicollis* (Reitter)

体长2~2.6mm。体褐色，狭长形，长为宽的3.5倍以上。头和前胸背板覆圆形小瘤，并常覆蜡质分泌物。复眼相对较小。触角11节，第10节长宽略等。前胸背板长大于宽，前角尖，后角钝。鞘翅长为两翅合宽的2~2.3倍，向端部不显著收狭。

长胸谷盗成虫

瓢虫科 Coccinellidae
食植瓢虫亚科 Epilachninae

茄二十八星瓢虫 *Henosepilachna vigintioctopunctata* (Fabricius)

体长 7~8mm，宽约 5.5mm。体背黄褐色至红褐色，表面密生黄褐色细绒毛。头扁小，平时嵌入前胸下。前胸背板前缘凹陷，前角前尖；中央有 1 个剑状纵行黑斑，两侧各有 2 个小黑斑（有时合并为 1 个）。鞘翅每侧各有 14 个黑斑。

茄二十八星瓢虫卵　　　　　　茄二十八星瓢虫幼虫　　　　　　茄二十八星瓢虫成虫

瓢虫亚科 Coccinelinae

七星瓢虫 *Coccinella septempunctata* Linnaeus

体长 5.2~7mm，宽约 4.5mm。头黑色，额与复眼相连的边缘各有 1 圆形淡黄色斑。触角栗褐色。前胸背板黑色，在前角处各有 1 个近四边形的大淡黄斑。小盾片黑色。鞘翅红色或橙黄色，两鞘翅上共有 7 个黑斑：除位于小盾片下方的黑斑为共有外；每鞘翅上各有 3 个黑斑。

七星瓢虫幼虫　　　　　　　　　　　　七星瓢虫成虫

异色瓢虫 *Harmonia axyridis* (Pallas)

异色瓢虫幼虫

体长 5.4~8mm，宽 3.8~5.2mm。背面的色泽及斑纹变异较大。头部黄橙色、橙红色至全黑色。前胸背板在两侧各有 1 个白色圆斑。鞘翅上斑纹变化极大，有无限的斑型。该种颜色和斑纹变化极大，但有 2 个不变的特征：在前胸背板两侧各有 1 近圆形白斑；在鞘翅近后缘处中央有 1 条压痕。

异色瓢虫蛹

异色瓢虫成虫

异色瓢虫成虫

龟纹瓢虫 *Propylea japonica* (Thunberg)

龟纹瓢虫成虫

体长 3.4~4.7mm，宽约 3mm。体黄色具龟纹状黑斑，体面光滑，不被细毛。前胸背板中央具 1 大黑斑，基部与后缘相连，有的则扩展至前胸背板而仅留黄色的前、后缘。小盾片黑色。鞘缝黑色，在鞘翅上有多处黑斑，排列状似"龟纹"。鞘翅上的黑斑常有变异。

多异瓢虫 *Hippodamia variegate* (Goeze)

体长 4~4.7mm，宽 2.7~3.2mm。头部黄白色，前部有 2 个小黑点，后部有 1 条黑色横带，有时并连在一起。复眼浅黑色。触角、口器黄褐色。前胸背板黄白色，基部有黑色横带向前分出 4 个分叉，或构成 2 个近方形的斑。小盾片黑色，三角形。鞘翅黄褐色至红褐色，2 个鞘翅上共有 13 个黑斑，斑纹变化甚大，向黑色变异时黑斑相互连接或部分黑斑相互连接；向浅色变异时部分黑斑消失。足黑褐色，前、中足之腿节、胫节、跗节及后足胫节末端及跗节为黄褐色。

多异瓢虫卵

多异瓢虫幼虫与蛹

多异瓢虫成虫

多异瓢虫成虫

十二斑巧瓢虫 *Oenopia bissexnotata* (Mulsant)

体长 4.4~5.1mm，宽 3.6~4mm。头部黄褐色，复眼黑色，触角黄褐色。前胸背板黑色，在 2 个前角各有 1 个大形黄斑；在前缘中部有 1 条黄色带，向后伸至前胸背板中后部。小盾片三角形，黑色。鞘翅黑色，每个鞘翅各有 6 个黄斑，排列为内外 2 纵行。

十二斑巧瓢虫成虫

盔唇瓢虫亚科 Chilocorinae

黑缘红瓢虫 *Chilocorus rubidus* Hope

体长 4.4~5.5mm，宽 4.1~5mm。体近圆形，呈半球形拱起。背面光滑无毛。头红褐色，无斑纹。复眼黑色，触角、口器浅红色。前胸背板红褐色。鞘翅基部枣红色，外缘和后缘黑色，向内逐渐变浅，分界不明显。小盾片与鞘翅同色，但颜色较深。鞘翅缘折黑色。

黑缘红瓢虫幼虫　　　　　　　黑缘红瓢虫蛹　　　　　　　黑缘红瓢虫成虫

红点唇瓢虫 *Chilocorus kuwanae* Silvestri

体长 3.4~4.4mm，宽 3.3~4.0mm。体近圆形，有光泽。头部、复眼、前胸背板、小盾片均黑色；触角黄褐色；鞘翅黑色，每鞘翅中央稍前有 1 个橙红色至红褐色近圆形的斑点。腹部黄褐色。足黑色，而跗节褐色。

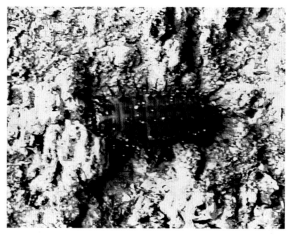 

红点唇瓢虫幼虫　　　　　　　　　　　红点唇瓢虫成虫

红瓢虫亚科 Coccidulinae

红环瓢虫 *Rodolia limbata* (Motschulsky)

红环瓢虫幼虫　　　　　　红环瓢虫成虫

体长 4.8~6mm，宽 3.8~4.3mm。体长圆形，两侧近于平行。口器、触角橙红色。前胸背板黑色，前缘和两侧缘橙红色。小盾片黑色。鞘翅黑色，周缘和鞘缝被橙红色环围绕。足腿节黑色，胫节和跗节均为橙红色。

拟步甲总科 Tenebrionoidea

拟步甲科 Tenebrionidae

网目拟地甲 *Opatrum subaratum* Faldermann

又名网目沙潜。

体长 7~10mm，体宽 2.5~3mm。体卵圆形，暗黑色，头部分缩入前胸。触角红褐色，端部数节横宽，膨大呈锤状。前胸背板横宽，宽大于长的 2 倍，前缘弧形凹入，两侧缘外凸，后缘波状弯曲。鞘翅基部与前胸等宽，翅面上具数条纵隆脊线，隆脊间具刻点和数个瘤突，刻点间隆起呈短横脊，使鞘翅形成网络状。足红褐色。

网目拟地甲成虫

小菌虫 *Alphitobius laevigatus* (Fabricius)

成虫体长 5.0~5.5mm。体长椭圆形，黑褐色，有光泽，全身密生黄褐色短毛。触角 11 节，棍棒状，自第 7 节开始向内侧扩展而形成锯齿状。复眼较小，从侧面看，复眼被头部向后突出的侧片所分割，其最狭处约等于 1 个小眼面的宽度。前胸背板不像黑菌虫那样突出。鞘翅上有细毛与刻点组成的纵点行。

小菌虫成虫

花蚤科 Mordellidae

伴侣花蚤 *Mordellistena comes* Marseul

伴侣花蚤成虫

体长 3.5~6.5mm。体黑色，侧扁呈弧形，背面显著隆起，尾端尖延伸到鞘翅外；密布绢丝状微毛。头与前胸背板密接。触角 10~11 节，丝状，末端略粗。前胸背板与鞘翅基部等宽。鞘翅青紫色，具光泽，向后变窄，末端圆形，尾端突出；被暗色毛。足细长，后足胫节端距黑色。

叶甲总科 Chrysomeloidea

蓝负泥虫成虫

负泥虫科 Crioceridae

蓝负泥虫 *Lema (Lema) concinnipennis* Baly

体长 4.3~6mm，宽 2~3mm。体背金属蓝色，体腹面和足黑蓝，最后 3 个腹节常为黄褐色。前胸背板宽略大于长，两侧中部收窄较深。小盾片舌形，有时末端稍平直，表面有小刻点和细毛。鞘翅基部凸，其后有清晰的横凹。

红胸负泥虫成虫

红胸负泥虫 *Lema (Petauristes) fortunei* Baly

体长 6~8.2mm，宽 3~4mm。有金属光泽；头、胸、小盾片血红色，体腹面黄褐至红褐，触角（除基部 1 或 2 节外）、足胫节、跗节黑色，腿节一般褐色，鞘翅蓝色。头在眼后强烈收缩。前胸略呈圆筒形，长宽近于相等，两侧中部收缩，中央有 2 或 3 行不十分规则的刻点，基边前的中央有一个明显的凹窝。小盾片方形，横宽。鞘翅基部隆起，其后微凹，刻点较粗大。

枸杞负泥虫 *Lema decempunctata* Gebler

体长4.5~5.8mm，宽2.2~2.8mm。头、触角、前胸背板、体腹面、小盾片均呈蓝黑色。鞘翅黄褐色至红褐色，每个鞘翅上有5个近圆形的黑斑，肩胛1个，中部前后各2个，但鞘翅斑点的数目、大小有变化，有的个体全部消失。足黄褐色至红褐色，基节、腿节端部及胫节基部黑色。胫节端部和跗节黑褐色，有时全部为黑色。触角略超过鞘翅肩部，自第3节以后渐粗。前胸背板近方形，两侧中部稍收缩，表面平。小盾片舌形，鞘翅基部之后稍宽，末端圆钝。

枸杞负泥虫幼虫　　　　　　枸杞负泥虫成虫　　　　　　枸杞负泥虫为害状

叶甲科 Chrysomelidae

中华萝藦叶甲 *Chrysochus chinensis* Baly

体长7.2~13.5mm，宽4.2~7mm。体长卵形，呈金属蓝色、蓝绿色、蓝紫色，变异较大。头中央有细纵纹。触角：1~4节常为深褐色；端5节灰暗无光泽；余节为黑色。前胸背板长大于宽；基、端两处较狭，中部之前最宽；盘区具刻点。小盾片蓝黑色，有时中部具1红斑。鞘翅基部宽于前胸，肩胛和基部均隆起，二者间具1条纵凹，基部之后有横凹。

中华萝藦叶甲成虫

核桃扁叶甲指名亚种 *Gastrolina depressa depressa* Baly

体长 5~7mm，体宽 3mm。长方体形，背面扁平。头、鞘翅蓝黑，前胸背板棕黄，触角、足、中后胸腹板黑色；腹部暗棕色、外侧缘和端缘棕黄色。头小，中央凹陷。触角稍过鞘翅肩胛。前胸背板宽约为中长的 2.5 倍，基部显狭于鞘翅，侧缘基部直，中部之前略弧弯；盘区两侧 1/2 区域刻点粗密，中部明显细弱。小盾片光亮，基部有少数细刻点。鞘翅刻点粗密，每翅有 3 条纵肋，彼此等距，有时此肋不显。

核桃扁叶甲指名亚种卵　　　核桃扁叶甲指名亚种成虫　　　核桃扁叶甲指名亚种雌雄成虫

甘薯肖叶甲 *Colasposoma dauricum dauricum* Mannerheim

体长 5~7mm，宽 3~4mm。体椭圆形，铜色或蓝色有金属光泽。触角长达肩胛，第 2~6 节黄色，端部 5 节黑色，略膨大。头顶部明显隆突，中央可见纵沟痕。小盾片刻点细而稀。鞘翅刻点细小，刻点间较光平。雌虫鞘翅外侧肩胛后方较低平；雄虫几乎光滑无皱。

甘薯肖叶甲成虫褐色型　　　　　　　　　甘薯肖叶甲成虫蓝色型

柳蓝圆叶甲 *Plagiodera versicolora* (Laicharting)

体长 4~4.5mm，宽 2.8~3.1mm。体卵圆形，背面相当拱凸。体深蓝色，有金属光泽，有时带绿光。头、胸色泽较暗；小盾片黑色；触角黑色，基部 5 节棕红色；腹面黑色，跗节多少带棕黄色。触角超过前胸背板基部。前胸背板横宽，其宽约为长的 3 倍，侧缘向前收狭，前缘明显凹入，后缘中部向后拱弧。小盾片光滑。鞘翅刻点较胸部的粗密而深显，肩胛隆凸，肩后外侧有 1 个清楚的纵凹，外缘隆脊上有一行稀疏的刻点，排列规则。

柳蓝圆叶甲幼虫

柳蓝圆叶甲成虫

棕翅粗角跳甲 *Phygasia fulvipennis* (Baly)

体长 5.5mm，宽 2.5mm。头胸、足、触角完全黑色，鞘翅和腹部棕黄至棕红色。触角伸达鞘翅基部 1/3 处。前胸背板基前横凹两端呈凹窝状，很深陷，前后角相当突出，侧缘中部拱弧；盘区前端隆凸，无刻点。小盾片末端宽圆，无刻点。鞘翅刻点粗密深显；雌虫肩后具一条与侧缘平行的纵脊纹。

棕翅粗角跳甲成虫

黄曲条跳甲 *Phyllotreta striolata* (Fabricius)

黄曲条跳甲成虫

体长 1.8~2.4mm，宽 0.9mm。体黑色光亮。触角基部 3 节及跗节深棕色，鞘翅中央黄色纵条外侧凹曲颇深，内侧中部直形，仅前后两端向内弯曲。触角第 1 节颇长大。前胸背板散布深密刻点，有时较稀疏。小盾片光滑。鞘翅刻点较胸部的浅细，其排列多呈行列趋向。

黑额光叶甲 *Physosmaragdina nigrifrons* (Hope)

体长 6.5~7mm，宽 3mm。体长方至长卵形，头漆黑。前胸红褐色或黄褐色。光亮，有时具黑斑，小盾片、鞘翅黄褐色或红褐色，后者具有 2 条黑色宽横带，一条在基部，一条在中部以后。触角除基部 4 节黄褐色外，其余黑色或暗褐色。触角细短，达不到前胸背板的后缘。前胸背板隆凸，光滑无刻点，后角明显突出而平展，与鞘翅基部十分密接。小盾片宽三角形，长宽相等，平滑无刻点。鞘翅刻点稀疏，不规则排列，中后方的黑横带沿翅缝和外侧向后延伸包围顶端，使鞘翅端部形似黄褐色斑。

黑额光叶甲成虫

黑额光叶甲成虫

胡枝子克萤叶甲 *Cneorane elegans Faimaire* Allard

胡枝子克萤叶甲成虫

体长 5.7~8.4mm，宽 3.0~4.5mm。头部、前胸、足棕黄色或棕红色，触角黑褐色（基部数节黄褐色），小盾片色暗；鞘翅绿色、蓝色或紫蓝色。前胸背板宽约为长的 1.5 倍，两侧弧凸，基缘较平直。小盾片舌形，具极细小刻点。鞘翅端部窄，刻点较密。

蓼蓝齿胫叶甲 *Castrophysa atraocyannea* Motschulsky

体长5.5mm，宽3mm。体长椭圆形，深蓝色，略带紫色光泽；腹面蓝黑色，腹部末节端缘棕黄。头部刻点相当粗密、深刻，唇基呈皱状。触角向后超过鞘翅肩胛，第3节约为第2节长的1.5倍，较第4节稍长，端部6节显著较粗。前胸背板横阔，侧缘在中部之前拱弧，盘区刻点粗深。中部略疏。小盾片舌形，基部具刻点。鞘翅基部较前胸略宽，表面刻点更粗密。各足胫节端部外侧呈角状膨出。

蓼蓝齿胫叶甲

天牛科 Cerambycidae
天牛亚科 Cerambycinae

桃红颈天牛 *Aromia bungii* (Faldermann)

体长28.0~37.0mm，宽8.0~10.0mm。体黑色，有光泽。前胸背板棕红色，前后缘黑色，收缩下陷，密布横皱纹；前胸背面有4个光滑瘤突，具角状侧刺突。鞘翅表面光滑，基部较前胸宽，端部渐狭。雄虫触角超过体长4~5节，雌虫触角超过体长1~2节。

桃红颈天牛为害

桃红颈天牛成虫

多带天牛 *Polyzonus fasciatus* Fabricius

多带天牛成虫

体长约 18.0mm，宽约 4.0mm。体细长，蓝绿色或蓝黑色，有光泽。触角细长，约与体等长。头、前胸有粗糙刻点和皱纹，侧刺突端部尖锐；鞘翅蓝绿色至蓝黑色，基部常有光泽，中央有 2 条淡黄色横带，带的宽窄形状变化很大；翅面被有白色短毛，表面有刻点，翅端圆形。腹面被有银灰色短毛，雄虫腹面可见 6 节，第 5 节后缘凹陷，雌虫腹部腹面可见 5 节，末节后缘拱凸呈圆形。

六斑绿虎天牛 *Chlorophorus sexmaculatus* (Motschulsky)

体长约 11.0mm，宽约 2.5mm。体黑色，被灰色绒毛。触角达鞘翅中部稍后。前胸背板长大于宽，中区有 1 个叉形黑色斑，两侧各有 1 个黑色斑点，胸背面有粗糙刻点。鞘翅较短，端缘平切，每翅有 6 个黑色斑，基部环斑前后开放，形成 2 个长形黑色斑，1 个位于肩部，另 1 个位于基部中央；中部及端部各有 2 个平行互为靠近的黑色斑，近侧缘有 2 个较小的黑色斑；翅面有细密刻点。

六斑绿虎天牛成虫背面

六斑绿虎天牛成虫侧面

灭字脊虎天牛 *Xylotrechus quadripes* Chevrolat

体长 15~25mm。前胸背板具淡色绒毛形成黑色斑纹，中央有 1 个大圆斑，两侧各有 1 个小斑点。雌虫额有 3 条细纵脊，雄虫额除中间 1 条纵脊外，两侧尚各有 1 个近长方形较粗糙的脊斑。鞘翅基部至少部分淡色，第 2 斑纹为斜斑，由肩部向内斜。

灭字脊虎天牛成虫

酸枣虎天牛 *Clytus hypocrita* Plavilstshikov

体长 8~10.5mm，宽 2~3mm。体黑色。触角约为体长之半，密被灰白色短毛。前胸球形，周缘着生灰白色短毛，背面被颗粒刻点。小盾片半圆形，密生灰白色短毛。鞘翅两侧缘平行，翅面由白色短毛组成斑纹；肩角处 1 条短斜纹，从翅基部中缝处至侧缘中部有 1 条长斜纹，3/5 处及端缘各具 1 窄横条纹。中胸前侧片后缘、后胸前侧片大部及第 1、2 腹节端缘密被白色短毛。

酸枣虎天牛成虫

暗红折天牛 *Pyrestes haematica* Pascoe

成虫体长 15.0mm 左右，宽约 3.8mm。体圆柱形，深红色，被暗红色竖毛。触角末端数节、足的胫跗节和腹面的颜色较深，翅端及腹末节的颜色较浅。触角粗大，雌虫约为体长的 2/3，雄虫超过体长的 3/4。前胸圆筒形，两端稍狭，背面具粗的横皱纹。小盾片小，三角形，凹陷，上有稀刻点。鞘翅肩部稍后向内凹入呈曲折状，翅端部稍阔于基部，后缘圆，内端角稍突出；翅面刻点在基部粗密，向端部渐细而疏。

暗红折天牛成虫

沟胫天牛亚科 Lamiinae

星天牛 *Anoplophora chinensis* (Forster)

星天牛成虫

体长 25.0~35.0mm，宽 8.0~13.0mm。体漆黑色，光亮，头和体腹面被银灰色细毛。触角第 3~11 节的基部有淡蓝色毛环；雌虫触角超出翅端 1~2 节，雄虫超出 4~5 节。前胸背板中瘤明显，侧刺突粗壮。前翅肩部具颗粒，并有 2~3 条纵隆纹；翅基部最宽，向后渐狭；每鞘翅上有白色毛斑 15~20 个，横列 5~6 行，有时不整齐；翅端圆形。

光肩星天牛 *Anoplophora glabripennis* (Mots chulsky)

体长 22.0~35.0mm，宽 7.0~12.0mm。本种与星天牛近似，但体型较狭，常呈紫铜色或铜绿色。鞘翅肩部无颗粒，翅面刻点较密，似有微皱纹，白色毛斑更不规则。前胸侧刺突较尖锐，不弯曲；前胸背板无毛斑，瘤突不显著。

光肩星天牛成虫背面

光肩星天牛成虫侧面

松墨天牛 *Monochamus alternatus* Hope

体长 20.0~25.0mm，宽 5.5~9.0mm。体黑褐色，被棕红色和灰白色绒毛。雄虫触角超过体长 1 倍多，雌虫触角超出体长 1/3。前胸宽大于长，侧刺突圆锥形，背板上有 2 条橙黄色纵带。小盾片被棕黄色绒毛。鞘翅基部密布小颗粒，其后每翅具 5 条纵纹，由黑白相间的方形绒毛斑组成；翅端平切，内端明显，外端角圆形。

松墨天牛成虫

云斑白条天牛 *Batocera horsfieldi* (Hope)

体长 40.0~63.0mm，宽 11.0~16.0mm。体黑色或黑褐色，密被灰色绒毛。雌虫触角较体略长，雄虫触角超过体长 1/3。前胸背板中央有 1 对乳黄色至橙红色肾形斑，侧刺突细长，微向后弯。小盾片密生白毛。鞘翅肩角刺突发达，基部 1/4 区有瘤状突起；每一鞘翅上有大小不等的白色斑，似云片状，大致排成 2~3 纵行。体腹面由复眼之后至腹末端两侧各有 1 条较宽的白色纵条纹。

云斑白条天牛成虫

麻天牛 *Thyestilla gebleri* (Faldermann)

麻天牛成虫

体长 10~14mm，宽 3~4mm。体黑色，被有浓密绒毛和竖毛。头顶中央常有一条灰白色直纹。触角：雄虫略长于体长；雌虫则短于体长。前胸背板中央及两侧共有 3 条灰白色纵条带。小盾片被灰白色绒毛。鞘翅沿中缝及肩部以下各有 1 条灰白色纵纹。

幽天牛亚科 Aseminae

褐梗天牛 *Arhopalus rusticus* (Linnaeus)

体长 25~30mm，宽 6~7mm。体较扁，褐色或红褐色；雌虫体色较黑，密被很短的灰黄色绒毛。雄虫触角达体长的 3/4；雌虫达体长的 1/2。前胸宽大于长，两侧圆；前胸背板刻点密，中央有 1 条光滑而稍凹的纵纹，与后缘前方中央的 1 个横凹陷相连接，在背板中央的两侧各有 1 个肾形的长凹陷，上面具有较粗大的刻点。小盾片大，末端圆钝，舌形。鞘翅两侧平行，后缘圆，各翅面合两条平行的纵隆纹；翅面刻点较前胸背板稀疏，基部刻点较粗大，越近末端越细弱。

褐梗天牛雌成虫　　　褐梗天牛雄成虫

赤短梗天牛 *Arhopalus unicolor* (Gahan)

赤短梗天牛成虫

体长约 14.5mm，宽约 3.5mm。体较狭，赤褐色，被灰黄色短绒毛。头与胸部约等宽，额区有 1 个"Y"形凹陷纹。雌虫触角伸至鞘翅中部之后，雄虫超过体长。前胸长略大于宽，两侧微圆弧形；胸部背面中央有 1 个纵凹洼，凹洼后端两侧及中央稍隆起，表面密生粗糙刻点。鞘翅具细密皱纹刻点，端部较弱，每翅略显 3 条纵脊，缝角细刺状。后胸腹板有较长的淡黄色绒毛。

象甲总科 Curculionoidea

象甲科 Curculionidae

宽肩象 *Ectatorrhinus adamsi* Pascoe

体长 9~14mm，宽 4~8mm。体黑色，卵形，被覆黄褐色、灰白色和黑色粉毛状鳞片。触角着生点以后略放粗，覆被灰黄色鳞片，柄节较短，棒节长卵形。前胸背板长、宽约相等，前、后缘收窄，中隆线细而隆，背面散布大而深的皱刻点和黄褐色鳞毛。小盾片心形，具中隆线，被灰色鳞毛。鞘翅行纹深，刻点方形，密被黄褐色鳞毛。第 3、5 行间各具 3 个瘤，第 7 行间具 1 个瘤，肩瘤发达，所有的瘤上均被较厚密的鳞毛。腿节棒状，具黄褐色、白色、红褐色环纹，近端部有 1 个钝齿。

宽肩象成虫

松树皮象成虫

松树皮象 *Hylobius abietis haroldi* Faust

体长 9~13mm。体红褐色至黑褐色；背面具斑纹，由或深或浅的黄色针状鳞片组成。前胸背板两侧近中部各有 2 个黄斑；小盾片小。鞘翅基部 1/4 处及端部 1/3 处各有 1 条横带，两带间具"X"字形纹。前足腿节端半部膨大，内侧端部凹陷，一侧具齿。

短带长毛象 *Enaptorrhinus convexiusculus* Heller

体长 8~9.5mm，宽 3~3.8mm。体黑色。喙长略胜于宽。前胸长略胜于宽，两侧圆弧形，背面布瘤状颗粒；中沟细，被白色鳞片而形成 1 条细纵纹。小盾片三角形。鞘翅背面略扁平；行纹刻点粗大，第 1~3 行间在翅坡之前有 1 条密被白色鳞片的短横带，翅侧缘及翅坡密被灰白色鳞片，翅坡上着生黄褐色长毛。

短带长毛象成虫

中华长毛象 *Enaptorrhinus sinensis* Waterhouse

体长 7~10mm，宽 2.5~4mm。体长形。黑色，被灰褐色及白色鳞片。前胸两侧圆弧形，密布白色鳞片，中沟明显，布 2~3 排白色鳞片形成的 1 条白纵纹。鞘翅狭长，中部略阔；第 5 行间隆脊状；翅背面扁平、微凹，布灰色略带铜光的圆形鳞片；侧面垂直，密布灰白色带金属光泽的鳞片；翅坡直立，被黑褐色长毛。

中华长毛象成虫背面

中华长毛象成虫侧面

大灰象 *Sympiezomias velatus* (Chevrolat)

体长 8~10.5mm，宽 4~5mm。体卵形，黑色，被灰色及黄色鳞片。头及喙密布金黄色发光鳞片。喙长胜于宽。前胸横宽，两侧圆弧形，背面布满瘤状颗粒及金黄色鳞片，并有褐色鳞片在中央形成宽纵条纹，中沟细长。小盾片缺如。鞘翅隆起呈卵圆形，基部中间由褐色鳞片组成长方形斑纹，翅中部有 1 条不明显白色横带，其前、后及外侧各散布褐色云斑。

大灰象成虫

蒙古土象 *Xylinophorus mongolicus* Faust

蒙古土象成虫

体长 4.4~5.8mm，宽 2.3~3.1mm。体卵圆形，覆褐色和白色鳞片，鳞片间混生细毛。触角 11 节膝状。喙短而扁平。褐色鳞片在前胸背板上形成 3 条淡纵线，白色鳞片在前胸近外侧形成 2 条淡纵纹，在鞘翅第 3、4 行间基部和肩部形成白斑。鞘翅各有 10 条刻点列。

柞栎象 *Curculio arakawai* Matsumura et Kono

体长 6~9mm，宽 4.5~5.5mm。体黑色或红褐色。触角红褐色。鳞片黄色或黄褐色。

柞栎象成虫

喙细长，中部以前略向下弯曲。触角细长，着生于喙基部 1/3 处。前胸宽胜于长，两侧圆，端部收窄，中隆线不明显。胸背面密布圆形刻点，有 3 条不明显的浅色纵带纹。小盾片狭长，舌形。鞘翅行纹窄而深，行间较隆。腿节粗壮，齿大，三角形。腹板末节，雌虫中间凹，后缘钝圆；雄虫有 1 个近于光滑的近三角形凹陷，后缘截断形。

麻栎象 *Curculio robustus* Roelofs

麻栎象成虫

体长 6.5~9.5mm，宽 3~5mm。体黑色，被覆黄褐色鳞片。鞘翅端部 2/5 处的鳞片较厚密，形成 1 条横带。喙细长。前胸背板宽胜于长，中隆线不明显，前缘略凹，后缘略呈二凹形。小盾片舌形。鞘翅具宽而深的行纹，其间各有 1 行鳞片。雄虫触角着生于喙的中点以前，腹部末节后缘截断形；雌虫触角着生于喙基部 2/5 处，腹部末节中央凹陷，后缘钝圆。

臭椿沟眶象 *Eucryptorrhynchus brandti* (Harold)

体长 10~12mm ，宽 4.5~5mm 。体黑色。触角柄节短，达不到眼前缘。前胸背板宽大于长，背面几乎全被白色鳞片，具中隆线。小盾片近圆形，密被黑色鳞毛。鞘翅肩部宽，向端部渐收窄，肩部被白色鳞片，基部中间及沿中缝被红褐色鳞片，其他部分散布零星白色鳞片。

臭椿沟眶象成虫

二带遮眼象 *Pseudocneorhinus bifasciatus* Roelofs

体长 5~6mm。体近球形，黑色，密被灰白色鳞片。触角柄节达眼的后缘，索节第 1、2 节几相等，第 2 节长度几为 3、4 节之和。前胸背板具 3 条褐色纵条。鞘翅灰褐色，基部及中部后具 2 条黑褐色横带。鞘翅最宽处在中部之后。

二带遮眼象成虫

榆跳象 *Orchestes alni* (Linnaeus)

体长 3~3.5mm。体黄褐色，全身密被灰白色倒伏短毛。头黑色，布满大瘤突，喙黑色，端部黄色，小盾片、中胸均黑色。触角黄色，着生于喙基部 2/5 处。前胸黄褐色宽大于长，前缘平直，后缘凹形。鞘翅黄褐色，行纹刻点大，圆形，行间与行纹约等宽，鞘翅背中部和基部 1/3 处各有褐横带 1 条。后足腿节粗壮，内缘有小齿 1 列。

榆跳象成虫　　　　　　榆跳象为害状

卷象科 Attelabidae

榛卷叶象 *Apoderus coryli* (Linnaeus)

榛卷叶象成虫

体长 7.8~8mm，宽 3.7~4.1mm。头、胸、腹、足、触角黑色；鞘翅红褐色。但颜色有变异，前胸、足常呈红褐或部分红褐色。头长圆形，头管向基部收缩，而末端扩宽。前胸背板基部宽大，向端部渐窄，基部及末端具缢缩。小盾片半圆形，在基部具 2 个凹陷。鞘翅肩后侧面稍缩，而后外扩；刻点沟列大深，行间被横皱。雄虫眼后渐窄而长，前胸呈匀称的圆弧形；雌虫眼后短，前胸背板明显圆隆。

膝卷叶象 *Apoderus geniculatus* Jekel

体长 6.5~7.3mm。体深红褐色，腿节端部为黑褐色。头长宽之比为 3∶2，基部逐渐缩窄。喙长宽约相等，近基部缢缩；触角着生于喙背面近基部中间的瘤突之两侧。前胸宽大于长，前缘缢缩，比后缘窄得多，中央凸圆，后缘有细隆线；两侧较直。小盾片横宽，端部中间有小尖突。鞘翅肩明显，两侧平行，端部放宽，行纹刻点大；刻点之间隆起，刻点行呈皱纹状，小盾片两侧和鞘翅背面中间有圆瘤突。

膝卷叶象成虫

栎长喙卷叶象 *Paracycnotrachelus longiceps* (Motschulsky)

栎长喙卷叶象成虫

体长 9.8~10mm，宽 4.2~4.5mm。体红褐色，光滑无毛。头颈长，头管长为宽的 2 倍。头部具光亮皱纹、刻点；颈部具横的环状沟。触角末节端特尖而弯曲。前胸背板长圆形基宽端窄，但基端均缢缩，表面多横皱。鞘翅向后渐扩；刻点沟规则，行间突出，有光泽。足细长。雄虫头及颈长为额宽的 3 倍，触角着生于头管的 1/3 处；雌虫头及颈长为额宽的 2 倍，触角着生于头管的中部。

漆黑瘤卷叶象 *Phymatapoderus latipennis* (Jekel)

体长 6.0~6.5mm。体漆黑色有光泽，触角、足 (除后足腿节端部 1/3 外) 和臀板周缘为黄色。头短，基部缩窄，头顶光滑，无刻点，中沟细；眼小，隆凸；喙长约等于宽，端部放宽，密布刻点；触角着生于喙基。前胸宽明显大于长，由基向前缩窄，背面中沟明显，中沟两侧有 2 个浅凹痕，刻点细小。小盾片近半圆形，表面光滑无刻点。鞘翅肩胝形成小尖突，两侧平行，行纹刻点小而圆，向端部渐细，几乎消失，行间宽而平，行间 3 中间有 1 个大圆瘤。臀板外露，密布刻点。

漆黑瘤卷叶象卵　　　　　　　　漆黑瘤卷叶象成虫　　　　　　　　漆黑瘤卷叶象造成卷叶

朴圆斑卷象 *Paroplapoderus turbidus* Voss

体长 7~8mm，宽 4~4.5mm。体黄褐色。头圆形，基部收缩呈颈状。复眼间具两个相连的大黑斑。喙短，近方形，宽略大于长。后头黑褐色，仅背面中央后部黄褐色。触角着生于喙近基部的瘤突两侧。前胸背板横宽，前端收窄，中央有 1 条细纵沟，两前侧角处各具 1 个圆形黑斑。小盾片宽扁，大部为黑色，后缘黄色。前翅黄褐色，中部黑色；端宽，两侧中部内凹；每鞘翅中部有一亮黑色圆脊。各足腿节黄褐色，胫节和跗节黄色。

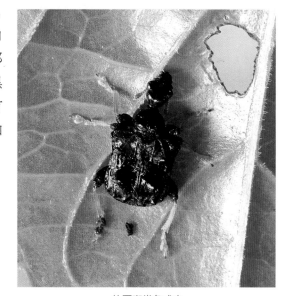

朴圆斑卷象成虫

235

九、脉翅目 Neuroptera

草蛉科 Chrysopidae

大草蛉 *Chrysopa pallens* (Rambur)

体长 13~15mm。体黄绿色，胸部背面有黄色中带。头部黄绿色，有 2~7 个黑斑，以 4 斑型和 5 斑型常见。触角略短于前翅，黄褐色，基部 2 节黄绿色。翅透明，翅脉、翅痣黄绿色，多横脉，前翅前缘横脉列及后缘的基半部脉多为黑色。足黄绿色，跗节黄褐色。

大草蛉幼虫　　　　　　　　　　　　　　　　大草蛉成虫

中华通草蛉 *Chrysoperla sinica* (Tjeder)

又名日本通草蛉 *Chrysoperla nipponensis* (Okamoto)

体长 9~10mm，体黄绿色，胸、腹背面有黄色纵带。头黄白色，两颊及唇基两侧各有一黑条，上下相接。触角灰黄色，短于前翅；下唇须及下颚须暗褐色。翅较窄、透明，翅端部尖，翅痣黄白色。翅脉黄绿色，前缘横脉的下端、Rs 基部及径横脉的基部以及翅基部的横脉，内外两组阶脉均为黑色。翅脉上有黑色短毛。

中华通草蛉幼虫　　　　　　　　　　　　　　中华通草蛉成虫

蝶角蛉科 Ascalaphidae

黄脊蝶角蛉 *Hybris subjacens* Walker

体长 29~31mm。头部红褐色，头顶黄褐色，密生黄褐色毛，间杂有黑色毛。触角略短于前翅，黑褐色；第 1 节膨大，黄褐色，末端膨大部分黑色。胸部黑褐色，背中央有黄色宽纵带；中胸侧板褐色，有 1 条黄色斜带。翅无斑纹，翅痣黄褐色，略呈梯形，内有横脉数条；翅脉除 Sc、R 脉为黄色外，均为黑褐色。腹部黑色，密生黑毛。雄虫腹部末端有 1 对内弯的夹状突。

黄脊蝶角蛉成虫

十、广翅目 Megaloptera

齿蛉科 Corydalidae
齿蛉亚科 Corydalinae

炎黄星齿蛉 *Protohermes xanthodes* Navás

雄虫体长 33~35mm，雌虫体长 37~52mm。头部黄色或黄褐色，头顶两侧各具 3 个黑斑，前面的斑大、近方形，后面外侧的斑楔形，内侧的斑小点状；头顶方形。复眼褐色；单眼黄色，其内缘黑色。触角黑褐色，但柄节和梗节黄色。口器黄色，但上颚端半部褐色。胸部黄色或黄褐色。前胸长略大于宽，背板近侧缘具 2 对黑斑；中后胸背板两侧有

炎黄星齿蛉成虫

时浅褐色。胸部的毛黄色，中后胸者较长。前翅极浅的烟褐色，但翅痣黄色，翅基部具 1 个淡黄斑，中部具 3~4 个淡黄斑，近端部 1/3 处具 1 个淡黄色小褐斑。后翅基半部近无色透明，翅中部径脉与中脉间具 2 个淡黄斑。脉浅褐色，但在淡黄斑中的脉及后翅基中部的翅脉淡黄色。腹部黄色或褐色，被黄色短毛。

鱼蛉亚科 Chauliodinae

越南斑鱼蛉 *Neochauliodes tonkinensis* (Van der Weele)

雄体长 26~28mm，雌体长 30~33mm。头部浅褐色至褐色，但前唇基淡黄色。复眼褐色；单眼黄色至黄褐色，其内缘黑色。触角黑色。口器浅褐色至褐色，但上颚端半部红褐色。前胸浅褐色至褐色，但近端缘具 1 个淡黄色的倒三角形斑；中后胸浅褐色。翅无色

越南斑鱼蛉成虫

透明，具浅褐色的斑纹；翅痣短，淡黄色。前翅前缘域基半部各翅室内具许多褐色小点斑，翅痣两侧再具 1 个褐斑，且内侧的斑较长；基部具许多褐色小点斑，端半部沿纵脉具许多浅褐色碎斑。后翅与前翅斑型相似，但基部无任何斑纹；脉浅褐色。腹部褐色。

碎斑鱼蛉 *Neochauliodes parasparsus* Liu et Yang

雄体长 30~38mm，雌体长 32~45mm。头部暗黄色；额具黑褐色斑。复眼褐色；单眼黄色。触角黑褐色。口器暗黄色，仅上颚端半部红褐色。前胸暗黄色，但背板大部黑褐色，仅前缘和后缘暗黄色；中后胸浅褐色，但背板两侧深褐色。翅无色透明，具大量褐色碎斑。前翅前缘域近基部具 1 浅褐色斑，但有时退化消失，翅痣内外各具 1 个褐斑，内侧的斑较长，外侧的斑较短且有时分裂成几个小点斑；翅基部具大量浅褐色小点斑，中部具 2~3 条浅褐色窄横带斑，但有时相互连接成 1 条较宽的横带斑，翅端部沿纵脉具大量浅褐色小点斑。后翅翅痣内外各具 1 褐斑，内侧的斑较长，中部具 1 个连接翅痣内斑的横带斑并延伸至中脉，翅端部沿纵脉具少量浅褐色小点斑。脉浅褐色，但前缘横脉及褐斑处的翅脉深褐色。腹部黑褐色。

碎斑鱼蛉成虫　　　　　　　　　　　　　　碎斑鱼蛉成虫

台湾斑鱼蛉 *Neochauliodes formosanus* (Okamoto)

雄体长 20~23mm，雌体长 30~35mm。头部橙黄色。复眼黑褐色，单眼淡黄色。触角黑褐色。口器淡黄色，但上颚末端暗红色，下颚须和下唇须端部 3 节黑褐色。前胸橙黄色，但背板两侧略深；中后胸淡黄色，但背板两侧具深褐色斑。足黑褐色密被暗黄色短毛。翅无色透明，具大量褐斑，翅痣短、淡黄色，其内侧具 1 个较长的褐斑，其外侧有时具 1 个褐斑；翅基部、中部及端部具大量小点斑，中部的斑有时略连接为横带状，其两侧的区域完全透明无斑。后翅与前翅斑型相似，但前缘域基半部几乎完全褐色，翅基部完全透明无斑，中部的斑完全愈合为 1 个较宽并伸至肘脉的横带斑。脉淡黄色，但前缘横脉及褐斑中的脉褐色。腹部黑褐色。

台湾斑鱼蛉成虫

十一、毛翅目 Trichoptera

长角石蛾科 Leptoceridae

黑长须长角石蛾 *Mystacides elongatus* Yamamoto et Ross

成虫体长 12mm 左右。体及下颚须漆黑色，触角棕黄色，柄节粗壮。鞭节黄白相间。复眼红色。翅脉黑，清晰，翅有闪光，在约 1/2 处有 1 条深横带，停息时翅亚端部明显宽于翅基部。

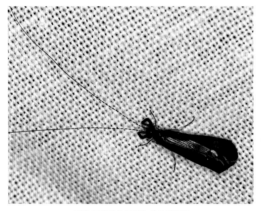
黑长须长角石蛾成虫背面

黑长须长角石蛾成虫侧面

条纹角石蛾 *Stenopsyche marmorata* Navas

条纹角石蛾成虫

翅展 22mm 左右。翅面有褐色网状斑纹。雄外生殖器：第 9 节侧突起长；上附肢长直，趋向端部胀大；第 10 节背板狭长，长度约达上附肢的 1/2，分为 4 叶，趋向端部收窄，基部两侧具斜横向延伸的指状突起，顶部较尖；抱握器亚端背叶距端部 1/3 处急向外弯曲，顶部尖锐呈钩状。

角石蛾科 Stenopsychidae

中华突长角石蛾 Ceraclea (Ceraclea) sinensis (Forsslund)

前翅长：雄虫 7mm，雌虫 5.8mm。体红褐色，头顶与额大部分覆盖白色毛，两侧白色与褐色毛杂生，前翅浅红褐色。

中华突长角石蛾成虫

十二、双翅目 Diptera

长角亚目 Nematocera

大蚊科 Tipulidae

斑点大蚊 *Tipula coquilletti* Enderlein

体长 28~40mm。体一般暗褐色，腹部基部黄褐色，仅两侧为黑褐色。头淡褐色，复眼黑色，眼后暗色；两复眼间隆起，中央有 1 纵沟；口器突出，下颚须黑色；触角淡褐色，13 节。前胸背板淡褐色；前盾片中央有暗褐色纵条，两侧各有 1 条黑色纵带。盾片的两侧各有 2 条黑纹。小盾片中央暗褐色。翅灰色透明；翅脉黑褐色，特别是肘脉沿基部 2/3 形成显著的纵条；前缘有 2 个显著的暗斑。足深褐色，胫、跗节色渐浓。

斑点大蚊成虫

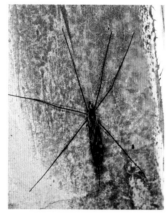

斑点大蚊成虫

离斑指突短柄大蚊 *Nephrotoma scalaris parvinotata* (Brunetti)

体黄色，中胸前盾片具有 3 个黑色纵纹，中斑前端有一淡色楔形纹，侧斑前端明显外弯。翅白色透明，亚前缘室几乎透明。

离斑指突短柄大蚊成虫

谷类大蚊 *Nephrotoma scalaris terminalis* (Wiedemann)

体长 16~22mm。体棕黄色。头黄色，具褐色中纵带。下颚须末节细长，是前 3 节的 2 倍。触角丝状，13 节，各鞭节基部轮生刚毛。雄虫触角长，超过前翅基部；雌虫触角短，不达前翅基部。中胸背板黄色"V"形缝明显，上具暗褐色宽纵带：沟前 3 条，沟后 2 条，后背片 1 条。翅黄色，翅脉、翅痣明显；Sc_2 与 R_1 脉有短距离愈合；盘室近四边形。腹部背、腹中央及两侧均具黑纵斑。足黄色，各节顶端变暗。

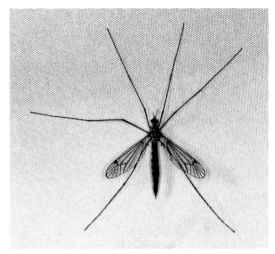

谷类大蚊成虫

多突短柄大蚊 *Nephrotoma virgata* (Coquillett)

又名条纹短柄大蚊。

体长 12~14mm。体黄褐色。头部黄褐色。触角基部 2 节黄色，鞭节黑色，有稀疏的细丝状环毛。口器上方有黑褐色纵条。头顶—额部为 1 条从宽到窄的黑色纵条纹。胸部前盾片为倒"小"字形黑纹，盾片为倒"八"字形黑纹，后小盾片中央为"I"字形黑纹，各黑纹具亮光。翅透明稍带灰色，翅脉浓褐色，前缘及缘纹带黄色。腹部黄色，各节背板具三角形黑纹。足暗黄色，腿节末端黑色，胫节以下暗色。

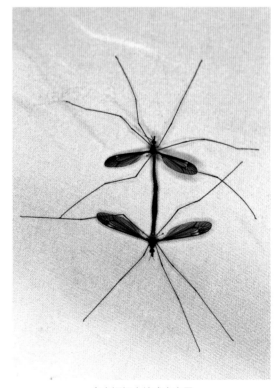

多突短柄大蚊成虫交尾

毛蚊科 Bibionidae

红腹毛蚊 *Bibio rufiventris* (Duda)

体长 7~12mm。触角短小，各节紧密，近念珠状。下颚须比触角长。雄虫全体亮黑

色。雌虫胸部背板及腹部大部淡红褐色，仅前胸背板、小盾片及腹部第 1 背板黑色。雌虫额面长大于宽，前缘中央隆起。单眼瘤显著突出。体毛全部黑色。翅略呈浓褐色，后方色淡；翅脉褐色。足黑色。前足胫节外侧的棘刺特大，内侧的很小，仅为外侧的 1/3 大。各足腿节均较大，但后足腿节基部 1/3 较细。

红腹毛蚊雌雄成虫

短角亚目 Brachycera

虻科 Tabanidae

牧村虻 *Tabanus makimura* Ouchi

雌虫体长 18~19mm，灰黑色。亚胛、颊、颜均灰白色。触角基部 2 节棕色，第 3 节棕红色、宽扁，长略大于宽，末端亚节部分黑色，背缘突近直角形，不形成拇指状。下

颚须第 2 节淡棕色，甚窄长，长约为宽的 5 倍，被大量浅黄色毛及少量黑毛。胸部背板及小盾片暗灰色，有 3 条灰色纵纹。侧板灰色，被白毛。翅 R_4 脉具肘脉。足黄色。腹部背板暗灰黄色，5~7 节黑色，中央具不甚明显的灰色纵条。

牧村虻成虫

塔麻虻 *Haematopota tamerlani* Szilady

塔麻虻成虫

雌虫体长 10~12mm，黑色。颜灰白，颊上有散生的黑点。触角间有大的黑绒斑。触角基节黑色，膨大，有光泽；鞭节黑色。下颚须第 2 节棕色。胸部背板黑色，盾片有灰白纵条。翅端白斑窄带状，达前后缘，翅后缘室均有端白斑。足灰黑色，但前胫节基部白色，中、后胫节均有两个黄白环。腹部背板灰黑色，具灰白色后缘和中纵条，两侧 4~7 节具缘侧点；腹板黑灰色。

食虫虻科 Asilidae

中华单羽食虫虻 *Cophinopoda chinensis* (Fabricius)

体长 24mm 左右。头部黑色，覆黄色绵毛。触角基部 2 节红黄色，第 3 节黑色。触角芒内侧具 1 列毛。颜两侧被黄色柔毛。眼后鬃黄色；下颚须 1 节，细长，被黄毛。喙基部腹面亦被黄毛。胸部黑，覆灰黄色粉被；背面中央有宽的黑纵纹，两侧具隐约黑纵纹。胸部各侧被浓密淡黄毛，后胸背片侧板裸。小盾片有 2 根淡黄缘鬃。足的腿节黑色，胫节黄色，前足腿节腹面仅被淡黄色毛。腹部黑色，覆浓厚灰黄色粉被；各背板具红黄色斑，两侧具鬃状黄毛。

中华单羽食虫虻成虫

中华细腹食虫虻 *Leptogaster sinensis* Hsia

体长 10mm。颜覆淡黄色绵毛。口鬃白色，1 行，8~2 根。额黑色，覆黄色绵毛；后头鬃粗壮黑色。下颚须 1 节，黑色。喙黑褐色。触角黑褐色；第 2 节赤褐色；第 3 节卵圆形，顶端尖，为基部 2 节总长的 1.5 倍。胸部黑色，覆褐色绵毛；肩胛亮褐色；沟前鬃和翅上鬃黑色粗长。足橘黄色，基节褐色。翅透明，淡褐色，无翅瓣，缘室开放。腹部第 1、3 节黑褐色，第 2 节赤褐色，被稀疏且短的淡黄色毛。

中华细腹食虫虻成虫背面

中华细腹食虫虻成虫侧面

蜂虻科 Bombyliidae

浅斑翅蜂虻 *Hemipenthes velutina* (Widemann)

雄虫体长 9mm，翅长 9mm。头部黑色，被灰色粉，单眼瘤红褐色。头部的毛以黑色为主，额被浓密的黑色长毛，颜被浓密的黑色毛，后头被稀疏的黑色毛，边缘处被一列直立的褐色毛。触角黄褐色。喙黄褐色，被黄色短毛。胸部黑色，被褐色粉。胸部的毛为黑色和黄色，鬃为黑色；肩胛被黑色长毛，中胸背板前缘被成排的棕黄色长毛，翅基部附近有 3 根黑色侧鬃，翅后胛有 3 根黑色鬃。小盾片被黑色长毛和稀疏的黄色短毛。足褐色，

浅斑翅蜂虻成虫

足的毛黑色。翅半黑色，半透明。翅室 r_1 中透明部分近半圆形。平衡棒基部褐色，端部苍白色。腹部黑色，被灰色粉。腹部的毛为白色和黑色。腹部背板被黑色毛，腹部侧面被浓密的黑色长毛、仅第 4 和 7 节背板被白色毛，第 9 和 10 节被黑色毛。

雌虫体长 8mm，翅长 9mm。与雄性近似，但腹部第 1 腹节被白色的毛，第 2～7 腹节被黑色的毛。

黄边姬蜂虻 *Systropus hoppo* Matsumura

体长 20~24mm。触角黑褐色至黑色，柄节基大部分浅黄色。胸部黑色，具3对黄斑，前斑横向，长形；中斑点状，后斑呈三角形。小盾片黑色，端缘黄色。后足腿节红褐色，胫节黄色。腹柄黄色，背面黑褐色，腹面各节具褐色条纹。

黄边姬蜂虻成虫

芒角亚目 Aristocera

食蚜蝇科 Syrphidae
食蚜蝇亚科 Syrphinae

短刺刺腿食蚜蝇 *Ischiodon scutellaris* Fabricius

体长 9~10mm。眼裸。额与颜黄色，毛亦同色；雌额正中具一条前宽后狭的黑色纵条。小盾片黄色，毛同色。腹部棕色到棕黑色，第2背板有1对大型黄斑，相互远离；第3、4背板各有1黄宽横带，接近前缘；第4、5背板后缘黄色。雄露尾节棕黄。雌第5、6背板仅边缘棕黄色。

短刺刺腿食蚜蝇成虫

短刺刺腿食蚜蝇成虫

黑带食蚜蝇 *Episyrphus balteata* (De Geer)

体长 8~11mm。体略狭长。头部除单眼三角区棕褐色外，余均棕黄色，被灰黄粉被。额毛黑色，颜毛黄色。中胸盾片有 4 条亮黑色纵条，内侧 1 对狭，且不达盾片后缘；外侧 1 对宽，达盾片后缘。小盾片黄色，毛黑色，前、后及侧缘具黄毛。腹斑变异很大，大部棕黄；第 1 背板绿黑色；第 2、3 背板后缘黑色；第 4 背板后缘棕黄色；此外，各背板中央有 1 条细狭黑横带、达或不达背板侧缘；第 5 背板大部棕黄色。

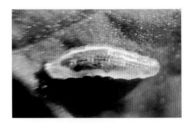

黑带食蚜蝇幼虫

黑带食蚜蝇蛹

黑带食蚜蝇雌成虫

黑带食蚜蝇雄成虫

大灰优食蚜蝇 *Eupeodes corollae* (Fabricius)

体长 9~10mm。颜棕黄色，中突棕色。触角第 3 节长与宽约等，棕黄色到黑褐色，仅基部腹面色略淡。中胸盾片暗绿色，具黄毛。小盾片棕黄色，毛同色，有时混以极少数黑毛。腹部黑色，第 2~4 背板各有 1 对大黄斑；第 2 背板黄斑的外缘前角超过背板边缘；雄第 3、4 背板黄斑中间常相连接，雌则完全分开；第 4、5 背板后缘黄色，雄第 5 背板大部黄色，雌大部黑色；雄露尾节大，亮黑色。

大灰优食蚜蝇雌成虫

大灰优食蚜蝇雄成虫

新月斑优食蚜蝇 *Eupeodes luniger* (Meigen)

该种与大灰优食蚜蝇雌虫十分相像，但该种的雌雄成虫腹部的 3 对黄斑均分离，外缘变细，不与腹部侧缘相连，或仅前端相连，小盾片中部具黑色毛。

新月斑优食蚜蝇成虫背面　　　　　　　　　　　新月斑优食蚜蝇成虫侧面

狭带贝食蚜蝇 *Betasyrphus serarius* (Wiedemann)

体长 10~11mm。眼被密毛。雄额紫黑色，后部粉被灰棕色，雌额中部覆淡色粉被；额棕黄色，中突与口缘暗色；额与颜均被黑褐毛。触角第 3 节长为宽的 2 倍。中胸盾片暗绿黑色，正中有 3 条不明显纵条。小盾片棕黄色，毛黑色。腹部黑色，第 2~4 背板近前缘处各有狭的灰白色到黄白色横带，第 5 背板前缘横带具青灰色光泽，各节侧缘毛前部淡色，后部黑色。

狭带贝食蚜蝇成虫

东方墨蚜蝇 *Melanostoma orientale* (Wiedemann)

东方墨蚜蝇成虫背面　　　　　　　　东方墨蚜蝇成虫侧面

体长7~8mm。雄性头顶三角区和额黑色，具金绿色光泽和黑色或褐色毛；颜金绿色，覆灰色粉被。触角暗褐色，第3节基部下侧褐黄色；芒被微毛。中胸背板和小盾片具金绿色光泽，覆黄色至褐灰色短毛。腹部长约4倍于宽，亮黑色，第2~4节具橘红色斑；第2节斑小，内侧圆；第3、4节斑近方形至长方形，内侧直；第5节金绿色。足橘黄色，前、中足腿节基半部及后足腿节(除末端外)黑色，后足胫节中部具宽的黑带，后足跗节上侧变暗。翅淡黄灰色，翅痣黄色。雌性额中部具1对三角形灰色粉被斑；颜粉被少；腹部第2节后缘最宽；第2节橘黄色斑延长，斜置，有时不明显或消失；第3、4节黄斑三角形，近背板前缘，内侧直，外侧略弯曲；第5节前角具1对窄的黄色侧斑。足全黄色，有时后足胫节中部及跗节上侧变暗。

双线毛食蚜蝇 *Dasysyrphus bilineatus* (Matsumura)

体长13~15mm。头顶和额黑色；额两侧密覆亮黄色粉被；颊黄色；后头黄白色，覆白色粉被和黄色毛；颜黄色具黑褐色宽侧条。触角黑色。中胸背板黑色，具宽的灰白色粉被纵条，翅后胛棕色；小盾片黄色，毛黑色；侧板黑色，密覆灰白色粉被和黄色长毛。

双线毛食蚜蝇成虫

腹部黑色，第2~4节近前缘各具1对大的黄色横斑；第2节黄斑近长方形，不达背板前缘和侧缘；第3、4节黄斑后缘中央深凹，两斑相连或明显分开；第4、5节后缘黄色狭，第5节基角具1对黄斑，雄性黄斑与黄色后缘相连。翅瓣及平衡棒黄色。

印度细腹食蚜蝇 *Sphaerophoria indiana* Bigot

体长 6~7mm。头部黑色，光亮。雌虫额黄色，具宽的亮黑色中条，不达触角基部；颜白黄色至淡橘黄色；触角黄色，顶端淡棕色。中胸背板黑色，具 1 对灰白色粉被中条，背板两侧黄色纵条自肩胛直达小盾片基部；中胸侧板具明显黄斑；小盾片黄色；背板和小盾片被毛黄色。腹部细长，第 1 节背面黑色，第 2~4 节前后缘黑色，但雄虫第 3、4 节的黑斑常常不明显。

印度细腹食蚜蝇雌成虫　　　　　　　　　印度细腹食蚜蝇雄成虫

管蚜蝇亚科 Eristalinae

连斑条胸食蚜蝇 *Helophilus continuus* Loew

体长 11~13mm。触角黑色。中胸背板黑色，具 2 对灰白色粉被纵条，中间 1 对等宽，两侧 1 对较宽，背板及小盾片被黄色毛；侧板黑色，略覆淡色粉被。腹部黑色，第 1 背板两侧黄色；第 2 背板具大型黄色侧斑，黄斑内端各具 1 灰白色粉被斑，两斑相互连接；第 3 背板黄斑约占背板前部的 2/3，背板正中具弯曲的灰白色横带；第 4 背板淡色粉被带较宽大，呈波状弯曲；第 2、4 背板后缘黄色极狭；尾节黑色，粉被淡色；雌虫第 5 背板中部具淡色横带。

连斑条胸食蚜蝇成虫

狭带条胸食蚜蝇 *Helophilus virgatus* (Coquillett)

狭带条胸食蚜蝇成虫

体长 10~15mm。触角棕黄色至暗棕色。中胸背板暗黑色，密覆黄色毛，具黄色或红黄色纵条 2 对，中间 1 对极狭，侧纵条较宽，于背板前部与狭纵条相连；小盾片棕黄色；侧板黑色，密覆灰黄色粉被及毛。腹部棕色至黑色，具黄斑；第 1 背板两侧及后缘灰黄色；第 2 背板两侧具三角形黄斑，两斑内端极接近，灰色粉被斑相连；第 3 背板仅前侧角黄色；第 4 背板两侧略带棕红色；第 3、4 背板中部稍前各具 1 灰白色粉被横带，有时横带正中断裂，不达背板侧缘；第 2~4 背板后缘黄色至棕黄色。

短腹管蚜蝇 *Eristalis arbustorum* (Linnaeus)

体长 9~10mm。触角黑色，第 3 节黑色至棕色；芒基部棕红色。中胸背板暗黑色，有时具不明显纵条，密被棕黄色较长毛；小盾片红棕色至黄棕色。腹部较短，棕黄色，第 1 背板覆灰白色粉被；第 2 背板大部黄色，正中具 "I" 形黑斑，该斑前宽后狭，不达背板后缘；第 3 背板黑斑基部较狭，渐向后加宽，约占背板中部 1/3，并达背板侧缘，背板黄色后缘极狭；第 4 背板亮黑色，后缘黄色；尾节亮黑色。雌性腹部仅第 2 背板正中具黑斑，且较雄性大，第 3~5 背板黑色，第 2~5 背板后缘黄白色至黄色。

短腹管蚜蝇雌成虫

短腹管蚜蝇雄成虫

灰带管蚜蝇 *Eristalis cerealis* Fabricius

体长 11~13mm。触角黑色；芒基部为羽状毛。中胸背板黑褐色，具薄淡色粉被，前部正中具灰白粉被纵条，沿盾沟处具淡粉被横带，前缘及后缘各具较狭及较宽横带，肩胛灰色；小盾片黄色，密被黄白色或棕黄色长毛，中间混以黑色毛。腹部棕黄色至红黄色；第 1 背板覆青灰色粉被；第 2、3 背板中部各具"I"字形黑斑；第 2~4 背板后缘黄色；第 5 背板黑色。

灰带管蚜蝇雌成虫

灰带管蚜蝇雄成虫

长尾管蚜蝇 *Eristalis tenax* (Linnaeus)

体长 12~15mm。触角暗棕色至黑色；芒裸。中胸背板黑色，被棕色短毛；小盾片黄色或黄棕色，毛同色。腹部大部棕黄色，第 1 背板黑色；第 2 背板具"I"字形黑斑，黑斑前部与背板前缘相连，后部不达背板后缘；第 3 背板黑斑与前略同，但黑斑前部不达背板前缘，后部向后延伸，背板仅具细狭的后缘黄带；第 4、5 背板绝大部分黑色；背板被毛棕黄色。雌性第 3 背板几乎全部黑色，仅前缘两侧及后缘棕黄色。

长尾管蚜蝇雌成虫

长尾管蚜蝇雄成虫

芒羽宽盾食蚜蝇 *Phytomia zonata* (Fabricius)

体长 12~15mm。触角棕黑色，第 3 节红棕色；芒黄色，基半部为羽状毛。中胸背板暗黑色，密被金黄色至棕黄色长毛，背板前缘粉被灰黄色，两侧自肩胛至翅后胛覆棕黄色至暗红棕色粉被；小盾片黑色，密被黑色短毛，后缘被众多的金黄色或橘黄色长毛；侧板黑色，覆灰至灰棕色粉被及黄色至金黄色毛，翅侧片前部毛黑色。腹部第 1 背板极短，亮黑色，两侧黄色；第 2 背板大部黄棕色，端部 1/4~1/3 棕黑色，有时正中具暗中线；第 3、4 节背板黑色，各节近前缘具 1 对黄棕色较狭横斑；第 5 背板及尾器黑褐色；背板毛黄色至棕黄色。翅透明，基部暗棕色，中部具黑斑。

芒羽宽盾食蚜蝇成虫

黑蜂蚜蝇 *Volucella nigricans* Coquillett

体长 18~20mm。触角褐色；芒黑褐色，顶端暗褐色。中胸背板、侧板及小盾片亮黑色，仅肩胛黄褐色，被黑色长毛，边缘具若干黑色长鬃。腹部全亮黑色，仅第 2 节背板前缘有较宽的黄色横带，带后缘中部凹入；腹部密被黑色长毛。足全黑色，毛同色。翅透明，中部和近端部靠前缘具明显的大暗斑，中部之后的翅脉边缘有明显的暗晕。雌虫颊较雄虫明显黑褐色；腹部黄带较雄虫明显。

黑蜂蚜蝇成虫

黑色粉颜蚜蝇 *Mesembrius niger* Shiraki

体长 8~12mm。体黑色。触角黑色，第 3 节覆淡色粉被；芒黄褐色。中胸背板黑色，具 2 对灰黄色纵条。小盾片基部具黑色横带，其余部分红黄色或黄褐色，半透明。腹部黑色；第 1 节暗灰色；第 2 节后缘亮黑色，前部具 1 对灰黑色或灰黄色斑。腹部斑纹常有变异，有的种类第 2 节黄、红褐斑很明显，少数在第 3 节基部具 1 对小侧斑。足黑色，前、中足腿节末端、胫节基部 2/3、中足基跗节、后足胫节基部黄色。雄虫显著较雌虫体小，后足腿节极度膨大。

黑色粉颜蚜蝇雌虫　　　　黑色粉颜蚜蝇雌虫　　　　黑色粉颜蚜蝇雄虫

花蝇科 Anthomyiidae

横带花蝇 *Anthomyia illocata* Walker

体长 6mm。体灰白色，复眼红色，中胸前缘、近中缘及小盾片基部具褐色至黑褐色横带，跗节基部具同样颜色的横带，足黑褐色。雄虫接眼，雌虫离眼。

横带花蝇成虫

灰地种蝇 *Delia platura* (Meigen)

灰地种蝇雌成虫　　　　灰地种蝇雄成虫

体长 4~6mm，雄虫稍小。雄体色暗黄色或暗褐色，两复眼几乎相连，触角黑色，胸部背面具黑纵纹 3 条，前翅基背鬃长度不及盾间沟后的背中鬃之半，腹部背面中央具黑纵纹 1 条，各腹节间有 1 黑色横纹。雌灰色至黄色，两复眼远离；腹背中央纵纹不明显。其他同雄虫。

丽蝇科 Calliphoridae

大头金蝇 *Chrysomyia megacephala* (Fabricius)

体长9~10mm。触角橘黄色，芒毛黑色，长羽状毛达于末端。颜、侧颜、颊及口上片杏黄以至橙色，均生黄毛，下后头毛也为黄色。下颚须橘黄色。胸部呈金属绿色有铜色反光及蓝色光泽。胸部（包括小盾片）略长于腹部。中鬃是0+1，前后气门均为暗棕色。

大头金蝇成虫

丝光绿蝇 *Lucilia sericata* (Meigen)

体长5.0~10.2mm。触角带黑色，触角芒暗且长羽状毛，一直达末端。下颚须橘色。

胸部呈金属绿或蓝色带有彩虹色。背胛上肩鬃后区小毛在6个以上，后中鬃3，从后面看，第2根前中鬃达到第1根后中鬃处。后胸腹板（基腹片）有纤毛；下腋瓣上面裸，前缘基鳞黄色。

丝光绿蝇成虫

丝光绿蝇成虫胸部背板

亮绿蝇 *Lucilia illustris* (Meigen)

体长5.0~9.0mm，额宽约与两后单眼外缘间距等宽，间额暗红棕色，最窄处不宽于前单眼横径，侧额及侧颜上部暗具银色粉被，侧颜下部底色红棕，上覆银色粉被；口上片黄色。触角黑色，第3节长度为第2节3倍长些，芒红棕色长羽状。下颚须黄棕色。胸部呈金属绿色带蓝色有铜色光泽。该种与丝光绿蝇的区别在于，后中鬃2，前缘基鳞黑色。

亮绿蝇成虫

不显口鼻蝇 *Stomorhina obsoleta* (Wiedemann)

体长 7.5mm。触角第 2 节棕色，端节黄白色，口器很长，如同象鼻，在吸食花蜜时会伸出长长的口器。复眼上具彩虹条纹。前胸背板无纵条纹，体表面密生毛点。翅透明，近端部具 1 烟褐色斑。

不显口鼻蝇背面　　　　　　　　　　不显口鼻蝇侧面

麻蝇科 Sarcophagidae

棕尾别麻蝇 *Boettcherisca peregrina* (Robineau-Desvoidy)

体长 6~7mm。触角褐色。下颚须黑色。后背中鬃为 5~6 根，向前渐小。中鬃为 0+1（有时中鬃不清）。腹侧鬃 1：1：1，中央小。后足胫节无长缨毛，前胸凹陷处有毛簇。7+8 节无后缘鬃，雄虫第 9 节棕色或棕黑色。雄虫间额窄，不足头宽的 1/5；颊部后方 1/3~1/2 具白毛；后足腿节腹面具末端卷曲的缨毛，毛长略超过节粗的 1/2。

棕尾别麻蝇成虫

蝇科 Muscidae

家蝇 *Musca domestica* Linnaeus

家蝇成虫

体长5.0~7.8mm。触角棕黑色，第3节不到第2节的3倍，芒黑色。中鬃0+1，背中鬃2+4，具肩鬃。腹侧鬃3根，前侧1根，后侧2根，上下排列。中胸前、后盾片具2对黑色纵纹，其中中央的1对前后贯通，两侧的在盾间沟处间断，纵纹前后等宽。翅M_{1+2}弯曲向前。前翅基鳞为黄色，翅肩鳞黑色，亚前缘骨片黄色。腹部第1+2合腹节背板除前缘和中条为暗色外，均为黄色。

十三、膜翅目 Hymenoptera

广腰亚目 Symphyta

叶蜂科 Tenthredinidae

桂花叶蜂 *Tomostethus* sp.

体长 68mm。全体黑色，有金属光泽。触角丝状 9 节。复眼黑色，大。胸背具瘤状突起。后胸具 1 三角形浅凹陷区。翅透明，膜质。翅上密生黑褐色细短毛及很多匀称的褐色小斑点，翅脉黑色。足除腿节外黑色。

桂花叶蜂幼虫

桂花叶蜂成虫

三节叶蜂科 Argidae

玫瑰三节叶蜂 *Arge pagana* (Panzer)

体长 6.2~8.8mm。体黑色，头胸部具蓝黑色光泽，腹部黄色至黄褐色。翅烟褐色，端部稍淡。触角 3 节，第 3 节很长。小盾片平坦，低于中胸背板平面。

玫瑰三节叶蜂成虫

259

细腰亚目 Apocrita

姬蜂总科 Ichneumonoidea

姬蜂科 Ichneumonidae

云南角额姬蜂 *Listrognatha* (*Listrognatha*) *yunnanensis* He et Chen

体长 12.0~16.5mm。体黑色。触角鞭节第 6~12 节白色；唇基 (周缘除外)，上唇、上颚基部 (边缘黑色)，下唇须，下颚须，额眼眶，颜面眼眶，颊区，前区前中足基节 (基部黑色)、转节、前胸背板上缘的横斑，翅基片，小盾片，后小盾片，中胸侧板的大斑，翅基下脊，后胸背板侧面的大斑，并胸腹节侧面的大纵斑，后足基节内侧的大斑以及腹部各节板端缘 (第 2 节端缘的狭边黑色) 的横带均为黄色；足红褐色 (后足基节、转节、腿节端部、胫节两端、基跗节基部黑色除外)；翅痣深褐色；翅脉黑褐色。

云南角额姬蜂成虫

云南角额姬蜂成虫

环跗钝杂姬蜂台湾亚种 *Amblyjoppa annulitarsis horishanus* (Matsumrusa)

体长 23.5mm。体黑色。触角鞭节背侧中段第 8~14 节黄色；触角柄节腹侧，颜面，唇基，上颚中央，下颚须，下唇须，上颊前部 (除端缘)，上颊眼眶前段，额眼眶及额两侧，前胸背板前下角的小斑、上缘、颈部中央，中胸盾片后部中央的梭形斑，小盾片，后小盾片，中胸侧板，翅基下脊，后胸侧板后部的角斑，并胸腹节中部两侧的三角斑，前中足基节端部、转节、腿节前侧、胫节 (端部黑色) 和跗 1 节，后足腿节背侧的斑、第 1 转节、腿节基半段 (除基部)、胫节 (端部黑色) 跗节 (末跗节带黑色)，腹部第 1 节背板端部、第 2 节背板端部两侧的斑，均为黄色；翅基片及前翅翅基部外侧黄色，翅痣褐色，翅脉褐黑色。

环跗钝杂姬蜂台湾亚种成虫

夜蛾瘦姬蜂 *Ophion luteus* (Linnaeus)

体长 15~20mm。体黄褐色，复眼、单眼及上颚齿黑褐色；额面带黄色，中胸盾纵沟部位顶外侧有黄色细纵条；翅痣黄褐色，翅脉深褐色至黄褐色。体光滑。复眼内缘近触角窝处凹陷。中胸背板有自翅基片伸向小盾片的隆脊，并胸腹节基横脊明显，端横脊中段消失，基区部位稍凹陷。前翅无小翅室，第2回脉在肘间脉基方，相距甚远，第2回脉上半部及肘脉内段有一处中断，第2盘室近于梯形，翅痣下方的中盘肘室有一小块无毛区。腹部侧扁，第1腹节柄状。

夜蛾瘦姬蜂成虫

茧蜂科 Braconidae

桑尺蠖脊茧蜂 *Rogas japonicus* Ashmead

体长 5~5.5mm。体赤灰黄色，复眼、单眼座黑色，单眼黄色；触角赤褐色；盾纵沟淡黄色；后胸、并胸腹节和腹部第1背板基部黑褐色，腹部其他各节背板黄褐色。但体色变化较大。足黄褐色，爪黑褐色，并胸腹节、腹部第1、2节背板和第3节背板近前缘中央有一纵脊，并具纵长的皱纹。雄虫淡黄色，仅后胸、并胸腹节和腹部后方黄褐色；第1腹节背板后缘中央1圆点和第2腹节背板中央1纵纹灰黄色明显。

桑天蠖脊茧蜂成虫

胡蜂总科 Vespoidea

蜾蠃科 Eumenidae

镶黄蜾蠃 *Eumenes* (*Oreumenes*) *decoratus* Smith

镶黄蜾蠃成虫

雌虫体长约 25mm。体黑色，复眼后缘连接处各有 1 条黄色窄纹，唇基、触角柄节前缘基部 3/4 为黄色。前胸背板、翅基片、后小盾片黄色，其余为黑色。腹部第 1 节端部有 1 中央凹陷的黄色横带，第 2 节端部 1/3 黄色，第 3~5 节黑色，第 6 节背板呈三角形，黑色。雄虫近似雌虫，体形略小。

中华唇蜾蠃 *Eumenes* (*Eumenes*) *labiatus sinicus* Giordani Soika

雌虫体长 17~18mm。头部黑色，仅唇基 2/3 区域，颊部上缘有 1 黄色小线斑，两触角间和触角鞭节端部内侧 2~3 节为黄色，余均黑色。前胸背板前缘约 2/3 区域黄色，后缘与中胸背板相连处均黄色。翅基片基部白色，余均棕色。后小盾片上布有 1 对黄色横斑。中胸背板、小盾片、并胸腹节及中胸侧板均黑色。各足基节、转节及腿节均黑色，余深棕色 (中足基节外侧偶有黄斑)。腹部第 1 节端缘有 1 较宽黄色斑带，斑带中央有 1 棕色斑点。第 2 节背板中部两侧有 1 对较大黄斑。第 3~6 节背、腹板均黑色。雄虫体长 15~16mm。唇基金黄色，触角黄斑两边有 1 对黄斑点。第 3~6 节腹板端缘黄色。

中华唇蜾蠃成虫背面

中华唇蜾蠃成虫侧面

冠蜾蠃 *Eumenes* (*Eumenes*) *coronatus coronatus* (Panzer)

体长 11mm。雌虫黑色，两触角窝之间、两复眼后缘上部紧邻复眼各具 1 窄条状黄斑。胸部黑色；仅前胸前缘有 1 黄色横带，后小盾片中央有 1 横带状黄斑，并胸腹节基部两侧各具 1 对称的黄色斑，中胸侧板上部中央有 1 黄色斑。足黑色，仅前足胫节外侧为黄色。第 2 腹节端部边缘有 1 中央凹陷的黄色横带，腹板黑色，仅端缘有 1 窄黄色横带。第 3~6 节背、腹板均呈黑色。

冠蜾蠃成虫

江苏蜾蠃 *Eumenes kiangsuensis* Giordani Soika

雌虫体长约 15mm。唇基基部有 1 较粗 "八" 字形黄斑，余均黑色。触角黑色，鞭节端部 2~3 节内侧棕色。胸部黑色，仅前胸背板前端约 1/3 区域黄色，后小盾片上有 1 黄色横斑。各足基节端部、腿节基部有 1 深褐色斑纹；胫节基部外侧棕色，余均黑色。腹部第 1 节端缘有 1 中间有凹陷的线斑。雄虫与雌虫相差不大，雄虫唇基全黄色，触角柄节前缘黄色。

江苏蜾蠃成虫背面

江苏蜾蠃成虫侧面

黄缘蜾蠃 *Anterhynchium* (*Dirhynchium*) *flavomarginatum* (Smith)

雌虫体长 19~22mm。黑色，斑纹黄色。头部黑色，两触角窝之间隆起处上半部具 1 近矩形黄色小斑。单眼棕色。触角黑色，柄节前缘黄色，柄节后缘、鞭节内侧略呈棕红色。唇基上半部黄色，下半部黑色。胸部黑色，近前胸背板中央两侧具 2 窄黄色横带，后小盾片基部两侧各具 1 窄黄色横带。足黑色，仅腿节端部深棕色，和第 5 跗节及爪棕色。第 1、第 2 腹节背板端部具 1 橙黄色横带外，余均黑色。

黄缘蜾蠃成虫背面

黄缘蜾蠃成虫侧面

中华直盾蜾蠃 *Stenodynerus chinensis* (Saussure)

体长 9mm 左右。头部黑色，仅额沟两侧为黄斑，颊部于两复眼后缘上部各有 1 小黄斑，触角柄节前缘、唇基下半部为黄色。胸部仅前胸背板前缘两侧各有 1 黄色斑，后小盾中间 1 黄色横带，并胸腹节上面两侧各有 1 延长的黄斑和翅基片呈黄色外，余均黑色。前、中足腿节黑色，但端部黄色，胫节内侧黑色，外侧黄色，跗节均为暗棕色。后足腿节全呈黑色，胫节仅外侧基部为黄色，余为黑色，跗节全呈暗棕色。腹部第 1 节背板除沿端部有 1 较宽的黄色带外，余均呈黑色；第 2 节背板沿端部边缘有 1 黄色带，余呈黑色；第 3 至 6 节背、腹板均为黑色。

中华直盾蜾蠃成虫

胡蜂科 Vespidae

金环胡蜂 *Vespa mandarinia* Smith

雌虫体长 30~40mm。体黄色，斑纹黑色。头部除复眼、上颚端齿为黑色外，其余均呈棕黄色。触角柄节、第 1~3 鞭节外侧棕红色，其余完全呈黑色。前胸背板、翅基片、小盾片两侧各具 1 斑，中胸侧板上部具 1 棕黄色斑。翅呈棕色，前翅前缘色略深。前、中、后足均呈棕色，基节、转节、腿节黑色。腹部橙黄色，第 1 腹节背板近中部具 1 黑色横带，腹板黑色。第 2 腹节背板近端部具 1 窄而中部凹陷呈波状的黑色横带，腹板中央大部分黑色，两侧和端缘橙黄色。第 3~5 节背、腹板基部黑色，端缘橙黄色。第 6 节背、腹板均呈橙黄色。

金环胡蜂成虫

黄边胡蜂 *Vespa crabro* Linnaeus

黄边胡蜂成虫

雌虫体长 18~24mm。体黑色，斑纹黄色至棕黄色。头部橘黄色，仅头顶、复眼、上颚端部、单眼区黑色。胸部黑色，仅前胸背板两侧棕红色和小盾片棕黄色。所有的足基节、转节、腿节、胫节黑色，跗节棕黄色。腹部黑色，第 1~5 腹节背板端缘黄色。第 6 节背、腹板均呈黄色。

墨胸胡蜂 *Vespa nigrithorax* Buysson

雌虫体长 18~25mm。体黑色，有棕色和黄色斑纹。头部唇基、上颚除端齿外和颊棕红色。触角背面褐色，腹面锈色。胸部均呈黑色，有时前胸背板后缘黄色。腹部第 1~3 节背板均呈黑色，仅端部边缘具 1 棕色窄边，有时第 3 节较宽或完全为黄色。第 4 节背板沿端部边缘具 1 中央凹陷的棕色宽带，第 5、6 节背板均为棕色。第 1 节腹板黑色，第 2、3 节腹板黑色，沿端部边缘具 1 中央凹陷的宽棕色横带。第 4~6 节腹板均呈棕色。

墨胸胡蜂成虫背面　　　　　　　　　　墨胸胡蜂成虫侧面

细黄胡蜂 *Vespula flaviceps* (Smith)

雌虫体长 12~14mm。体黑色，斑纹黄色至棕黄色。头部两触角之间隆起处 1 梯形斑、两复眼凹陷处、后颊黄色。头顶部黑色。单眼棕色。触角黑色，柄节、梗节腹面棕黄色。唇基黄色，边缘黑色。上颚黄色，端齿棕色。胸部黑色，仅中胸侧板前缘中部具 1 点状斑黄色。前足基节、转节全呈黑色，腿节背面黑色、腹面黄色，胫节、跗节黄色；中足基节黑色，前缘有 1 黄色斑，转节黑色，腿节基部 1/3 黑色，其余黄色，胫节、跗节黄色；后足基节黑色，外侧具 1 黄斑，转节黑色，腿节基部 1/2 黑色，有时仅基部 1/3 为黑色，胫节、跗节均呈黄色。第 1 腹节背部前缘具 1 黄色窄横斑，第 2~5 节背板端部边缘各具 1 齿状黄横带。第 6 节背、腹板全呈黄色。

细黄胡蜂背面　　　　　　　　　　　　细黄胡蜂侧面

陆马蜂 *Polistes* (*Megapostes*) *rothneyi grahami* van der Vecht

雌虫体长 17~23mm。体黑色，有黄色和棕色斑纹。后单眼之后两侧各具 1 橙黄色斑。额、两复眼内缘下部、后颊均为橙黄色。触角背面黑色，腹面锈色。唇基黄色，基部和两侧边缘黑色。上颚黄色，端齿黑色。前胸背板橙黄色，基部侧面和两边各具 1 小三角形斑黑色。中胸背板黑色，中央两侧各具 1 橙黄色纵带，近翅基片处两侧各具 1 橙黄色短纵带，有时纵带无。小盾片、后小盾片橙黄色。并胸腹节黑色，中央两侧各具 1 橙黄色纵斑，边缘两侧各具 1 方形斑。中胸侧板黑色，上部前缘和下部后缘各具 1 椭圆形橙黄色斑。后胸侧板黑色，上侧片近中部具 1 橙黄色纵斑。翅基片橙黄色。第 1 腹节背板黑色，端部橙黄色，两侧各具 1 橙黄色斑，腹板全呈黑色。第 2~5 节背板基部黑色，端部两侧各具两条凹陷的橙黄色横带，两凹陷中央各具 1 橙黄色斑。第 6 节背腹板均为橙黄色。

陆马蜂成虫

斯马蜂 *Polistes snelleni* Saussure

体长 13~13.5mm。雌虫体黑色。有黄色和棕色斑纹。头部两复眼内缘下侧略呈黄色，其余为黑色。两复眼后缘上侧具 1 窄条状黄斑。触角柄节和梗节、第 1 鞭节呈棕色，余鞭节背面黑色，腹面棕色。唇基黄色，基部和两侧边缘黑色。前胸背板上部棕色，两下角黑色。中胸背板完全呈黑色。小盾片棕色。后小盾片黑色，但沿前缘中央两侧各具 1 窄黄色横斑。并胸腹节黑色，但于中央两侧各具 1 黄色纵斑。中、后胸侧板均呈黑色。翅基片棕色。翅呈棕色，前翅前缘色略深。第 1 腹节背板基半部黑色，端部边缘黄色。第 2 腹节背板黑色，端部边缘棕色，中部两侧紧邻棕色横带具 2 黄色横斑。第 3、4 节背板黑色，端部各具 1 黄色横带，腹板黑色，端缘棕色。第 5、6 节背板基部黑色，端部棕色。腹板基部黑色，端部棕色。

斯马蜂成虫

土蜂科 Scoliidae

金毛长腹土蜂 *Campsomeris prismatica* (Smith)

雌虫体长 20~25mm。体黑色，生有黄褐色毛。翅浅烟黄色。前胸背板具小而密的刻点，柔毛长而密；中胸盾片中间平滑；后胸背板刻点密，后缘平滑。中胸盾片和并胸腹节水平中区的侧表面有密毛被。腹部有光泽，第 1~4 腹节背板上有稀疏刻点，其后缘有比胸部颜色略浅的毛带，无斑纹；第 5~6 节生有黑色毛。

金毛长腹土蜂成虫

雄虫体长 11~20mm。体黑色。腹部有较亮的蓝紫色光泽。翅透明，略暗。上颚基部、唇基的边、复眼内缘下部的细线黄色。前胸背板肩板往往有黄斑，胸部密生浅黄褐色长毛。前、中足胫节上的细黄色。腹部 1~4 节背板后缘上有黄色带，各节后缘的毛带色浅。第 2~4 节腹板后缘有黄色细带，通常在中央部分消失。第 5 腹节以后的腹节生有黑色毛。

白毛长腹土蜂 *Campsomeris annulata* (Frbricius)

雌虫体长 13~20mm。体黑色，生有白色短柔毛，第 5 腹节及其后体节生有黑色毛。翅透明，近翅端色深，似烟色。前胸背板前面柔毛密，中胸盾片密布大刻点，并胸腹节密布略小刻点。腹部 1~4 节光滑，第 5~6 节有密而粗的刻点，腹部第 1~4 背板后缘和第 2~4 腹板后缘有白色毛带。

雄虫体长 12~16mm。体黑色。唇基的四边、前胸背板中央、前足和中足腿节外侧端部、前足和中足胫节外缘黄色。腹部第 1~5 节的后缘有横的浅黄色带，第 2 腹节上的黄带两侧宽，第 5 腹节上黄带细。所有的腹节均有稀疏的浅而粗的刻点。

白毛长腹土蜂成虫

斑额土蜂 *Scolia vittifrons* Saussure et Sichel

雌虫体长 20~25mm，雄虫 15~21mm。体黑色具橙黄色斑，光泽强，腹部具青紫色金属光泽，被黑色毛（斑纹上的毛与斑纹同色），头额部具斑纹，有时会扩大到头顶，腹部第 3 节具 1 对斑纹，接近，相连，或斑纹变小成点状。雄虫触角短，约为前翅长的一半。

斑额土蜂成虫

泥蜂总科 Sphecoidea

泥蜂科 Sphecidae

沙泥蜂北方亚种 *Ammophila sabulosa nipponica* Tsuneki

雌虫体长 15~17mm，雄虫 15~19mm。体黑色，腹部第 2~3 节红色；翅淡褐色；腹部黑色部分具蓝色光泽。上颚长；唇基宽大，微隆起，背面具大刻点；触角第 3 节为第 4 节长的 2 倍。前胸背板和中胸盾片的横皱较弱，皱间具小刻点，中胸侧板和并胸腹节具网状皱和大刻点。并胸腹节背区具羽状斜皱，端区端部两侧具白色毡毛斑（有些个体不太明显）。腹部革状，无明显刻点。

沙泥蜂北方亚种成虫

驼腹壁泥蜂 *Sceliphron deforme* (Smith)

驼腹壁泥蜂成虫

雌虫体长 17~20mm。体黑色具黄色或褐色斑纹。触角 12 节，黑色。上颚端部、唇基端缘、翅脉、腹部第 1~5 节背板端缘均深褐色。唇基、触角第 1 节背面、前胸背板、中胸前侧片、小盾片、并胸腹节端部均深黄色。唇基微凹，端缘中央突出具深凹。触角第 3 节稍长于第 4 节。前胸背板中央凹，中胸盾片具密的细皱和小刻点。并胸腹节长，背区具半圆形的沟，表面具横皱。腹部革状，腹柄上拱，呈驼峰状。翅褐色。

雄虫体长 15~19mm，与雌虫的主要区别为：触角 13 节；上颚尖端黑红色；唇基端缘淡黑色，中部突出具浅凹。

日本蓝泥蜂 *Chalybion japonicum* (Gribodo)

日本蓝泥蜂成虫

雌虫体长 15~20mm，雄虫 12~17mm。体蓝色。上颚端部暗红色；翅脉和各足跗节黑褐色；翅烟色透明。唇基中叶长宽约相等，中央稍隆起，具中脊，端缘具 3 宽齿；触角着生在隆起的两侧，触角第 3 节稍短于第 4 节。胸部密被刻点，前胸背板和中胸盾片具中沟。并胸腹节背区具横皱。腹部光滑；腹柄向上弯曲略呈驼峰状。

二带节腹泥蜂 *Cerceris verhoeffi* Tsuneki

雌虫体长 9~10mm。体黑色具黄斑纹。上颚基部、唇基中叶和侧叶的基部、颜侧、额脊、各足胫节背面、后足转节大部、翅基片外侧，腹部第 3 和第 5 节背板端缘，均为黄色。唇基稍隆起，近端缘具 1 长方形小突，端缘波状；触角第 3 节稍长于第 4 节。并胸腹节刻点较大，三角区光滑，具不明显小刻点。腹部各节基部光滑，其余大部具大刻点；臀板椭圆形。

雄虫体长 8~9mm。与雌虫主要区别：唇基端缘突出，中央截平；触角第 1 节腹面黄色；翅基片大部黄色；前及中足胫节和跗节（有时胫节内面具褐色斑）、后足腿节和胫节基部，均为黄色；腹部第 3 和 6 节背板的横带宽；臀板圆形。

二带节腹泥蜂成虫背面　　　　　　二带节腹泥蜂成虫侧面

蜜蜂总科 Apoidea

蜜蜂科 Apidae

红光熊蜂 *Bombus ignitus* Smith

雌虫体长 20~22mm。毛短致密。头顶、颜面、胸部、腹部第 1~3 背板和足被黑毛，腹部第 4~6 背板被橘红毛。触角第 3 节为第 4 节长的 1.5 倍，稍长于第 5 节。唇基横宽，表面具刻点。后足花粉篮表面光滑。腹部第 6 背板稍凹陷。

雄虫体长约 15mm，体毛似雌虫。

红光熊蜂雌成虫　　　　　　　　　红光熊蜂雄成虫

密林熊蜂 *Bombus patagiatus* Nylander

密林熊蜂成虫

雌虫体长 17mm，雄虫 12~14mm。体黑色，颜面被土黄色绒毛，边缘混有黑褐色长毛，胸背面淡黄色或灰白色，中间具黑带，腹部背板前 2 节黄色或淡黄色，腹部背板第 3 节黑色，后面白色；或雄蜂腹部背板第 3、4 节黑色，此两节的后半部杂有黄毛，腹部背板第 5 节后被黄褐色毛。

黄胸木蜂 *Xylocopa appendiculata* Smith

黄胸木蜂成虫

雌虫体长 24~25mm。体黑色，胸部及腹部第 1 节背板被黄毛。翅褐色，端部较深，稍闪紫光。头顶后缘，中胸及小盾片密被黄色长毛；前足胫节外侧毛黄色；足的其他各节被红黑色毛；腹部第 1 节背板前缘被稀的黄毛，腹部末端后缘被黑毛。

雄虫体长 24~26mm，似雌虫，主要区别为：唇基、额、上颚基部及触角前侧鲜黄色。腹部第 5~6 节背板被黑色长绒毛，各足第 1 跗节外缘被黄褐色长毛。

中国四条蜂 *Tetralonia chinensis* Smith

雌虫体长 14~15mm。体黑色，腹部 2~4 节背板端缘具宽的白毛带。触角第 3 鞭节至末节红褐色。上唇中部被黄色硬毛；颜面、颊及胸部密被浅黄色长毛；并胸腹节及腹部第 1 节背板被白色长毛；第 2 节背板基半部和第 3 节亚端部被浅黄褐色毡状毛；第 3~4 节背板端半部被白色毡状毛；2~4 节背板端部为白色宽毛带；第 6 节背板两侧被金黄色毛；腹部 2~5 节腹板端缘被整齐的金黄色毛。

雄虫体长 11~12mm，与雌虫的主要区别：触角几达体端部、鞭节弯曲；唇基及上唇黄色；6~10 节腹部背板被金黄色毛。

中国四条蜂成虫背面

中国四条蜂成虫侧面

花四条蜂 *Tetralonia floralia* (Smith)

雌虫体长 13~14mm。体黑色。上唇端缘被金黄色硬毛；头部及胸部、腹部第 1 节背板被白色长毛；腹部第 2~5 节背板端缘具宽的白毛带，第 2~4 节背板基部被黑短毛；第 5 节背板中部被黑褐色毛，端缘毛金黄色；臀板两侧毛黑褐色。

雄虫体长 12~13mm，与雌虫区别为：唇基及上唇黄色；触角长于体长，鞭节弯曲；腹部第 1~2 节背板被浅黄色长毛；第 3~5 节背板被黑毛；第 2~5 节背板端缘为细的白毛带。

花四条蜂成虫交尾　　　　　　　　花四条蜂雌成虫

黑颚条蜂 *Anthophora melanognatha* Cockerell

雌虫体长 16~17mm。体被密而长的毛；颜面、头顶及胸部被灰白色及黑褐色毛；前足腿节及胫节外侧具黄色长毛；中足及后足胫节及跗节外侧毛金黄色，内侧黑褐色；腹部第 1 节背板及 2~4 节背板后缘被灰白色毛带，第 2~4 节背板被黑毛，第 5 节背板两侧为浅黄色毛。

雄虫体长 13~14mm；与雌性区别为：上唇（除两侧缘黑色）、唇基（除两侧缘黑色）、眼侧区、额的边缘及触角柄节前侧均黄色；腹部第 7 节背板末缘两侧具较尖而长的齿；中足及后足被黄色长而稀的毛。

黑颚条蜂成虫背面　　　　　　黑颚条蜂成虫侧面

绿条无垫蜂 *Amegilla zonata* (Linnaeus)

雌虫体长 12~14mm。上颚基部、上唇、唇基前缘、侧缘及中央、眼侧区及额上三角形斑、触角柄节前表面 1 小斑均为黄色。上唇及唇基被黄色短毛；胸部背板密被黄色及黑褐色混杂的毛；胸侧板及并胸腹节密被黄色毛，杂有黑毛。腹部扁平，第 1~4 节背板端缘具绿色至蓝绿色毛带，第 5 节背板端缘被整齐的黑褐色毛。

雄虫体长 11~13mm，与雌虫区别：腹部第 1~5 节背板端缘为绿色至蓝绿色毛带；腹部第 5 腹板端缘有深的半圆凹陷，被黑毛；腹部第 7 节背板端缘具 2 齿。

绿条无垫蜂成虫背面

绿条无垫蜂成虫侧面

彩艳斑蜂 *Nomada xanthidica* Cockerell

雌虫体长 10~11mm，雄虫 10~11mm。雌虫头及胸黑色具红黄色斑，腹部红褐色具黄斑纹。唇基、额上四方形的斑、颜侧、沿复眼四周、上唇、上颚及触角均红黄色；前胸背板、前胸背肩突、中胸背板 4 条纵斑、小盾片、后盾片、间节垂直部 2 侧斑、翅基片下方 1 圆斑、中胸侧板前侧及腹面 1 大斑均红黄色。腹部第 1 节基部 1 黄色宽带，中部为 1 横的红纹，后缘深红褐色，第 2 节基部具 1 黄色宽带，中央为 1 小的褐色三角形斑，后半部褐色，第 3 节基部的黄色宽带，后半部褐色，第 4~5 节黄色，仅后缘褐色窄带，第 6 节被银白色短毛。

雄虫与雌虫区别为：① 头部各斑黄色，中胸背板仅靠两侧具 2 条红褐色窄的纵纹，中胸侧板的斑小；② 腹部第 7 节背板稍延长，后缘中央稍凹入；③ 体被较密而长的白毛。

彩艳斑蜂成虫背面

彩艳斑蜂成虫侧面

拟黄芦蜂 *Ceratina hieroglyphica* Smith

雌虫体长 8~10mm。体黑色，具黄斑纹。唇基具"山"形黄斑，且中央纹最长。眼侧、额上 1 个斑、触角窝上部 2 个小斑、各胫节基部大小不同的斑、腹部第 1 节背板 3 个斑、第 2~3 节背板中断的斑纹、第 4~5 节背板后缘纹均为黄色。中胸背板具明显的 4 条斑纹。体被极少的浅黄色毛。

雄虫体长 6~7mm，似雌虫，主要区别为：黄斑多；上颚基部、上唇、唇基、眼侧、额上的斑、触角柄节前侧 2 个斑及足的跗节均为黄色；腹部第 7 节背板后缘中央凹入。

拟黄芦蜂成虫背面　　　　　　　　　　拟黄芦蜂成虫侧面

中华蜜蜂 *Apis cerana cerana* Fabricius

工蜂体长 10~13mm。体黑色；体毛浅黄色；单眼周围及头顶被灰黄色毛。唇基中央具三角形黄斑；上唇具黄斑；上颚顶端有 1 黄斑；触角柄节黄色；小盾片黄或棕或黑色；足及腹部第 3~4 节背板红黄色，第 5~6 节背板色稍暗，各节背板端缘均具黑色环带；后足胫节扁平，呈三角形，外侧光滑，有弯曲的长毛 (花粉篮)，端部表面稍凹，胫节端缘具栉齿；后足基跗节宽而扁平，基部端缘具夹钳，内表面具整齐排列的毛刷；后翅中脉分叉。

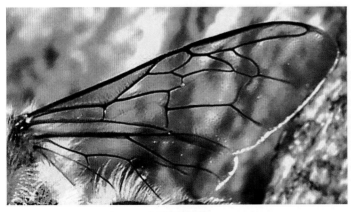

中华蜜蜂翅脉　　　　　　　　　　　中华蜜蜂工蜂

意大利蜜蜂 *Apis mellifera ligustica* Linnaeus

意大利蜜蜂与中华蜜蜂的工蜂在形态上的主要区别为：① 唇基黑色，不具黄色或黄褐色斑；② 体较大，为 12~14mm；体色变化大，深灰褐色至黄色或黄褐色，或全黑色型；③ 后翅中脉不分叉。

意大利蜜蜂工蜂翅脉　　　　　　意大利蜜蜂工蜂普通型　　　　意大利蜜蜂工蜂全黑型

小蜜蜂 *Apis florea* Fabricius

工蜂体长 7~8mm。体黑色。腹部第 1~2 节背板红褐色。体黑色；上颚顶端红褐色；小盾片黑色；腹部第 1~2 节背板红褐色. 第 3~6 节背板黑色。体毛短而少：头顶毛黑褐色；颜面及头部下表面毛灰白色；胸部被灰黄色短毛；后足胫节及基跗节背面两侧被白毛；腹部各背板被黑褐色短毛，第 3~5 节背板基部具白绒毛带；腹部腹面为细而长的灰白色毛。该蜂秋季要迁移。

小蜜蜂工蜂

地蜂科 Andrenidae

黄胸地蜂 *Andrena thoracica* (Fabricius)

雌虫体长 13~15mm。体黑色，胸部被灰黄色至黄褐色毛。触角鞭节灰褐色；翅基片黑褐色；翅褐色透明，闪紫光，尤以各翅室周围较深，翅脉黑褐色。唇基前缘、头部颜面、足、腹部各节背板及腹板均被黑毛，1~4 节背板毛少而短，5~6 节较长；臀板黑色；胸部密被灰黄色至红黄色毛；间节两侧黑褐色毛。

雄虫体长 11~13mm。与雌虫的区别为：① 头部密被黑毛，胸部及腹部毛较长。② 翅浅褐透明。

黄胸地蜂背面　　　　　黄胸地蜂侧面　　　　　黄胸地蜂翅脉

细地蜂 *Andrena speculella* Cockerell

雌虫体长 9~10mm。体黑色稍红，腹部 2~4 节背板后缘具细白毛带。上颚红褐色，尤以疣状突起为甚；触角鞭节下表面褐色；翅基片及足褐色；翅浅黄色透明，翅脉褐色；翅痣黄色；腹部 1~4 节后缘、头、胸及间节两侧被灰黄色毛；足被灰白色毛；腹部 2~4 节后缘为细白毛带；各胫节及第 1 跗节外侧被褐色毛。

雄虫体长 6~7mm。与雌虫区别：① 颊显著宽，其最宽处为复眼宽的 2 倍；② 触角长达后盾片；③ 中胸背板被稀而长的灰白色毛。

细地蜂成虫

戈氏地蜂 *Andrena* (*Larandrena*) *geae* Xu et Tadauchi

戈氏地蜂翅脉

雌虫体长 8.2~11.0mm。翅基片褐色，翅透明，稍带烟色，翅脉及翅痣黄褐色。体被黄色至白色毛，腹部背板 2~4 节后缘具白色毛带，之中第 2 节毛带中部断裂。触角鞭节第 1 节等于 2 + 3 节。雄虫体长 7.0~8.7mm。触角较长。

戈氏地蜂雌虫背面

戈氏地蜂雌虫侧面

隧蜂科 Halictidae

黄胸彩带蜂 *Nomia thoracica* Smith

雌虫体长 10~13mm。体黑色。胸部被褐色毛，腹部具黄纹。中胸背板被黄褐色绒毛；其他部分被灰黄色较稀的毛。翅基片褐色，光滑闪光。翅脉褐色。腹部各节除后缘较光滑无刻点外，均具细点刻，腹部 1~4 节背板两侧为黄白色条纹。前足胫节及第 1 跗节、中足及后足腿节、胫节及第 1 跗节内侧被褐色毛。

雄虫与雌虫区别：① 后足腿节膨大，上表面隆起，下表面凹陷；胫节膨大为三角形，端部内缘角为黄白色的叶状突起，顶端尖锐。② 第 4 节腹板后缘中央凹陷；第 3 节腹板后半着生长而密的灰白色毛。

黄胸彩带蜂成虫

西部淡脉隧蜂 *Lasioglossum occidens* (Smith)

雌虫体长9.5~10.5mm。体黑色，胸背无金属光泽，翅基片黑褐色，翅脉多黄褐色，腹部背板基部具白色毛带，第3、4节后半部具褐色毛；头正面观圆形，宽大于高。

西部淡脉隧蜂成虫背面　　　　　　　　　　　西部淡脉隧蜂成虫侧面

切叶蜂科 Megachilidae

窄切叶蜂 *Megachile rixator* Cockerell

雌虫体长10~12mm。体黑色，腹部具黄毛带。体大部分被黄色至黄褐色毛；唇基及额唇基被黄色毛；颜侧及额均被浅黄色毛；头顶毛色较深；胸部及腹部第1节背板被短的黄褐色毛，胸侧毛较浅；腹部第2~5背板端缘具窄的黄褐色毛带；腹毛刷黄色，但基部白色；足毛色浅；后基跗节内侧毛黄褐色。

雄虫体长8~10mm。与雌虫主要区别：唇基及颜面密被黄毛；头顶毛黄褐色；胸部中央毛色较深；腹部第6节背板端缘锯齿状，具6个齿，表面密被短的黄毛。

窄切叶蜂成虫

黄带尖腹蜂 *Coelioxys rufescens* Lepeletier

雌虫体长 12~14mm。体黑色。翅浅褐色透明，端缘较深；翅基片、翅痣、翅脉及距均褐色；足黑褐色。头及胸部被浅黄褐色长毛；腹部第 1~5 节背板端缘具较宽的黄褐色毛带。

雄虫体长 10~12mm。与雌虫主要区别为：腹部第 2 背板具侧窝；腹部端部具 6 齿，第 4 腹板端缘中央凹；第 1 背板两侧具三角形毛斑；第 5 背板具侧齿突。

黄带尖腹蜂雌蜂

黄带尖腹蜂雄蜂

角额壁蜂 *Osmia cornifrons*（Rodoszkowski）

角额壁蜂雌成虫

雌虫体长 8~12mm。体黑色具铜色光泽，触角下表面暗褐色；末跗节红色；翅透明，端缘暗。体被浅黄色长毛，中胸被浅黄色并杂褐色毛，胸侧、并胸腹节、腹部第 1 节背板密被浅黄色长毛；腹部第 1~5 节背板端缘具白毛带，第 2~3 节背板被浅黄色并杂褐色毛，第 4~5 节背板被黑褐色毛，第 6 节背板密被褐色短毛。

凹唇壁蜂 *Osmia excavata* Alfken

雌虫体长 9~12mm。体黑色。唇基隆起，中央具三角形的平滑凹，凹中央具不达基部的纵脊。翅褐色透明，翅基片褐色，翅脉深褐色。体密被长毛，中胸侧板及并胸腹节两侧均被浅黄色毛，中胸背板被灰白及黑色混杂的长毛，腹部第 1~5 节背板被褐色毛，端缘具浅黄色毛带，足被黄毛。

凹唇壁蜂雌成虫

紫壁蜂 *Osmia jacoti* Cockerell

雌虫体长 8~9mm。体黑色，具铜色或铜紫色光泽。触角鞭节、翅基片、翅脉及翅痣均黑褐色；翅浅黄褐色，缘室较深；距黄褐色。体毛红褐色，唇基毛较短；胸部及腹部第 1 节背板密被红褐色毛；腹部第 1~5 节背板端缘毛带红褐色。

雄虫体长 7~8mm。与雌虫主要区别：体具蓝色光泽；唇基及颜面具大片灰白色毛，头及胸部被浅黄色毛；腹部 1~5 节背板端缘毛带白色；第 6 背板端缘中央具半圆形凹陷。

紫壁蜂雌成虫

紫壁蜂雄成虫